U0009398

站在巨人肩上 **5**
On the Shoulders of Giants

相對論原理（復刻精裝版）

作者：愛因斯坦（Albert Einstein）

編／導讀：霍金（Stephen Hawking）

譯者：范岱年 許良英

責任編輯：湯皓全 美術編輯：何萍萍

法律顧問：董安丹律師、顧慕堯律師

出版者：大塊文化出版股份有限公司 台北市 105022 南京東路 4 段 25 號 11 樓

www.locuspublishing.com 讀者服務專線：0800-006689

TEL: (02) 87123898 FAX: (02) 87123897

郵撥帳號：18955675 戶名：大塊文化出版股份有限公司

版權所有・翻印必究

總經銷：大和書報圖書股份有限公司 地址：新北市新莊區五工五路 2 號

TEL: (02) 8990-2588（代表號） FAX: (02) 2290-1658

二版一刷：2019 年 3 月
二版三刷：2022 年 4 月

定價：新台幣 300 元

相對論原理／愛因斯坦 (Albert Einstein) 著；
霍金 (Stephen Hawking) 編．導讀；范岱年，許良英譯.
-- 二版 . -- 臺北市：大塊文化, 2019.03 面； 公分
譯自：Selections from the principle of relativity
ISBN 978-986-213-965-3(精裝)

1. 相對論

331.2 108001716

Selections from The Principle of Relativity

相對論原理

愛因斯坦 著　　霍金 編·導讀

范岱年·許良英 譯

目錄

關於英文文本的說明

　　本書所選的英文文本均譯自業已出版的原始文獻。我們無意把作者本人的獨特用法、拼寫或標點強行現代化，也不會使各文本在這方面保持統一。

　　我們從 H. A. Lorentz, A. Einstein, H. Minkowski 和 H. Weyl 的《相對論原理：狹義相對論原始論文集》(*The Principle of Relativity: A Collection of Original Papers on the Special Theory of Relativity*) 中選擇了阿爾伯特・愛因斯坦的七篇文章。整部文集原先是德文，被冠以《相對論原理》(*Das Relativitatsprinzip*) 的書名於 1922 年首版。這裏選的是 W. Perrett 和 G. B. Jeffery 的譯本。

原編者

前　言

「如果說我看得比別人更遠，那是因爲我站在巨人的肩上。」伊薩克・牛頓在 1676 年致羅伯特・胡克的一封信中這樣寫道。儘管牛頓在這裏指的是他在光學上的發現，而不是指他關於引力和運動定律那更重要的工作，但這句話仍然不失爲一種適當的評論——科學乃至整個文明是累積前進的，它的每項進展都建立在已有的成果之上。這就是本書的主題，從尼古拉・哥白尼提出地球繞太陽轉的劃時代主張，到愛因斯坦關於質量與能量使時空彎曲的同樣革命性的理論，本書用原始文獻來追溯我們關於天的圖景的演化歷程。這是一段動人心魄的傳奇之旅，因爲無論是哥白尼還是愛因斯坦，都使我們對自己在萬事萬物中的位置的理解發生了深刻的變化。我們置身於宇宙中心的那種特權地位已然逝去，永恆和確定性已如往事雲煙，絕對的空間和時間也已經爲橡膠布所取代了。

難怪這兩種理論都遭到了強烈的反對：哥白尼的理論受到了教廷的干預，相對論受到了納粹的壓制。我們現在有這樣一種傾向，即把亞里斯多德和托勒密關於太陽繞地球這個中心旋轉之較早的世界圖景斥之爲幼稚的想法。然而，我們不應對此冷嘲熱諷，這種模型決非頭腦簡單的產物。它不僅把亞里斯多德關於地球是一個圓球而非扁平盤子的推論包含在內，而且在實現其主要功能，即出於占星術的目的而預言天體在天空中的視位置方面也是相當準確的。事實上，在這方面，它足以同 1543 年哥白尼所提出的地球與行星都繞太陽旋轉的異端主

張相媲美。

伽利略之所以會認為哥白尼的主張令人信服，並不是因為它與觀測到的行星位置更相符，而是因為它的簡潔和優美，與之相對的則是托勒密模型中複雜的本輪。在《關於兩門新科學的對話》中，薩耳維亞蒂和薩格利多這兩個角色都提出了有說服力的論證來支持哥白尼，然而第三個角色辛普里修卻依然有可能為亞里斯多德和托勒密辯護，他堅持認為，實際上是地球處於靜止，太陽繞地球旋轉。

直到克卜勒開展的工作，日心模型才變得更加精確起來，之後牛頓賦予了它運動定律，地心圖景這才最終徹底喪失了可信性。這是我們宇宙觀的巨大轉變：如果我們不在中心，我們的存在還能有什麼重要性嗎？上帝或自然律為什麼要在乎從太陽算起的第三塊岩石上（這正是哥白尼留給我們的地方）發生了什麼呢？現代的科學家在尋求一個人在其中沒有任何地位的宇宙的解釋方面勝過了哥白尼。儘管這種研究在尋找支配宇宙的客觀的、非人格的定律方面是成功的，但它並沒有（至少是目前）解釋宇宙為什麼是這個樣子，而不是與定律相一致的許多可能宇宙中的另一個。

有些科學家會說，這種失敗只是暫時的，當我們找到終極的統一理論時，它將唯一地決定宇宙的狀態、引力的強度、電子的質量和電荷等。然而，宇宙的許多特徵（比如我們是在第三塊岩石上，而不是第二塊或第四塊這一事實）似乎是任意和偶然的，而不是由一個主要方程式所規定的。許多人（包括我自己）都覺得，要從簡單定律推出這樣一個複雜而有結構的宇宙，需要借助於所謂的「人擇原理」，它使我們重新回到了中心位置，而自哥白尼時代以來，我們已經謙恭到不再作此宣稱了。人擇原理基於這樣一個不言自明的事實，那就是在我們已知的產生（智慧？）生命的先決條件當中，如果宇宙不包含恆星、行星以及穩定的化合物，我們就不會提出關於宇宙本性的問題。即使終極理論能夠唯一地預測宇宙的狀態和它所包含的東西，這一狀態處在使生命得以可能的一個小子集中也只是一個驚人的巧合罷了。

然而，本書中的最後一位思想家阿爾伯特·愛因斯坦的著作卻提

出了一種新的可能性。愛因斯坦曾對量子理論的發展起過重要的作用，量子理論認爲，一個系統並不像我們可能認爲的那樣只有單一的歷史，而是每種可能的歷史都有一些可能性。愛因斯坦還幾乎單槍匹馬地創立了廣義相對論，在這種理論中，空間與時間是彎曲的，並且是動力學的。這意味著它們受量子理論的支配，宇宙本身具有每一種可能的形狀和歷史。這些歷史中的大多數都將非常不適於生命的成長，但也有極少數會具備一切所需的條件。這極少數歷史相比於其他是否只有很小的可能性，這是無關緊要的，因爲在無生命的宇宙中，將不會有人去觀察它們。但至少存在著一種歷史是生命可以成長的，我們自己就是證據，儘管可能不是智慧的證據。牛頓說他是「站在巨人的肩上」，但正如本書所清楚闡明的，我們對事物的理解並非只是基於前人的著作而穩步前行的。有時，正像面對哥白尼和愛因斯坦那樣，我們不得不向著一個新的世界圖景做出理智上的跨越。也許牛頓本應這樣說：「我把巨人的肩用做了跳板。」

愛因斯坦生平與著作

　　天才並不總是顯而易見的。儘管阿爾伯特・愛因斯坦 (1879-1955)
後來成為有史以來最偉大的理論物理學家，但當他在德國上小學時，
學校校長告訴他的父親，「他幹什麼都不會有什麼出息。」當愛因斯坦
24、5 歲時，雖然他已從蘇黎世的聯邦綜合技術大學畢業，取得了數學
和物理教師的資格，但他卻找不到一個正式的教師職位。後來他已不
期望在大學獲得一個職位，只好在伯恩申請一個臨時性工作。透過他
一個同學的父親的幫助，愛因斯坦在瑞士專利局找到一個公務員的職
務，做專利的審查員。他一星期工作六天，年薪六百美元。當他寫蘇
黎世大學的物理學博士論文時，就是這樣維持生活的。

　　1903 年，愛因斯坦與他塞爾維亞族情人米列娃・瑪麗奇結婚，這
一對小夫妻遷入伯恩的一間一居室的公寓。兩年後，她為他生了一個
兒子漢斯・阿爾伯特。在漢斯出生前後的這個時期，或許是愛因斯坦
一生中最快樂的時期。鄰居們後來回憶說，他們看到年輕的父親心不
在焉地推著嬰兒車在街上走。時而愛因斯坦會伸手到嬰兒車中，拿出
一個筆記本匆匆記下一點兒筆記。看來這個推著嬰兒車散步的人的筆
記本中有一些公式方程，它們導致相對論和原子彈的發展。

　　在專利局工作初期，愛因斯坦把他大部分空閒時間都用來研究理
論物理學。他寫了四篇重要並有深遠影響的論文，其中提出了在探索
和理解宇宙的漫長歷史中若干最重要的思想。人們再不能像以前那樣
看待時間和空間了。愛因斯坦的工作使他獲得 1921 年的諾貝爾物理學

獎，以及許多公眾的讚歎。

當愛因斯坦沉思宇宙的運作時，他得到一些理解的瞬間靈感，它們太深奧了，難以用語言表達。愛因斯坦有一次說，「這些思想不是以任何語言的表述出現的，我幾乎很少用語言文字來思考。一種想法出現，以後我才試圖用語言文字表達它。」

愛因斯坦最終定居在美國，在那兒他公開提倡猶太復國主義與裁減和禁止核武器等事業。但他始終保持對物理學的熱情。直到他 1955 年去世，愛因斯坦一直在尋求一個統一場論，把引力現象與電磁現象用一組方程聯繫起來。今天的物理學家繼續在尋求物理學的大統一理論，這是對愛因斯坦想像力的讚頌。愛因斯坦不僅使二十世紀的科學思想發生了革命，而且還超越了二十世紀。

1879 年 3 月 14 日，阿爾伯特·愛因斯坦生於德國符騰堡州的烏爾姆；他在慕尼克長大。他是海爾曼·愛因斯坦和鮑林·柯赫的獨子。他的父親和叔叔開了一個電器工廠。他的家人認為阿爾伯特是一個笨拙的學生，因為他在語言學習上有困難（現在人們認為，他可能有誦讀困難症）。傳說當海爾曼問他兒子的小學校長將來最適合阿爾伯特的專業是什麼時，該校長回答說，「這無關緊要。他幹什麼都不會有出息。」

愛因斯坦在學校中表現不佳。他不喜歡軍訓；作為天主教學校中少數猶太孩子之一，他為此感到難受。這種作為局外人的體驗，在他一生中曾重複多次。

科學是愛因斯坦早年的愛好之一。他記得 5 歲左右時父親給他看一個羅盤，他對磁針總是指向北方（即使盒子在旋轉仍然如此）感到驚奇。愛因斯坦回憶說，在那一刻，他「感到在事物的後面深深地隱藏著某種東西」。

他早年的另一個愛好是音樂。在 6 歲左右，愛因斯坦開始學拉小提琴。這並非他天生的愛好；但當他學了幾年之後，他認識到了音樂的數學結構，小提琴成了他終生的愛好，儘管他的音樂才能同他的熱情並不相稱。

當愛因斯坦 10 歲時，他的家人讓他進魯易特泊爾德中學，在那兒，據學者們介紹，他培養出一種懷疑權威的精神。這個特性後來在愛因斯坦的科學家生涯中起了好的作用。他好懷疑的習慣使他容易對許多長期確立的科學假設提出疑問。

1895 年愛因斯坦試圖跳過高中，直接通過蘇黎世聯邦綜合技術大學的入學考試，他想在那兒獲得一個電機工程學位。下面是他寫的他當時的雄心：

> 如果我有幸通過考試，我將去蘇黎世。為了學數學和物理學，我會在那兒待四年。我設想我自己成為一名自然科學方面的教師，我要挑選理論科學。下面是使我作出這個計畫的理由。首先是我傾向於抽象的和數學的思考，而我缺乏想像力和實際操作能力。

愛因斯坦未能通過文科部分的考試，所以綜合技術大學沒有准許他入學。他的家人因此送他進瑞士阿勞的中學，希望這會提供他進入蘇黎世綜合技術大學的第二次機會。事情確實如此，1900 年愛因斯坦從綜合技術大學畢業。差不多就在這個時候，他愛上了米列娃·瑪麗奇，1901 年她在未婚的情況下生下他們的第一個孩子，女兒麗瑟爾。人們對麗瑟爾的情況所知甚少，似乎她要不就生下來是殘疾兒，或是在嬰兒時期得了重病，然後託人收養，差不多在兩歲時就夭折了。愛因斯坦與瑪麗奇在 1903 年結婚。

生下漢斯那年，即 1905 年，是愛因斯坦的奇蹟年。他要擔負起做父親的責任，從事全時的專職工作，而仍能同時發表四篇劃時代的科學論文，儘管他沒有學術職位所能提供的一切有利條件。

在那年春天，愛因斯坦向德國期刊《物理年報》（*Annalen der Physik*）提交了三篇論文。這三篇論文都發表在該刊第十七卷上。愛因斯坦說他第一篇論光量子的論文是「很革命性的」。在這篇論文中，他考察了德國物理學家馬克斯·普朗克所發現的量子（能量的基本單位）

現象。愛因斯坦說明了光電效應，即對應於每一個發射出來的電子要由一特定量的能量來釋放它。這就是量子效應，即發射出來的能量是固定的量，只能用整數表示。這一理論構成了量子力學很大一部分基礎。愛因斯坦建議，可以把光看做是獨立的能量粒子的集合，但驚人的是，他沒有提供任何實驗數據。他只是根據美學的理由，假設性地論證了光量子的存在。

起初，物理學家們對是否承認愛因斯坦的理論猶豫不定。它背離當時公認的科學觀念太遠了，遠遠超過了普朗克所發現的任何東西。正是這篇題爲「關於光的產生和轉化的試探性觀點」的論文，而不是他關於相對論的工作，使愛因斯坦榮獲了 1921 年諾貝爾物理學獎。

在他的第二篇論文「分子大小的新測定法」——這是愛因斯坦的博士論文——和第三篇論文「熱的分子運動論所要求的靜液體中懸浮粒子的運動」中，愛因斯坦提出了測定原子的大小和運動的方法。他也說明了布朗運動，這是英國植物學家羅伯特・布朗在研究了懸浮在液體中花粉的不規則運動之後所描述的一種現象。愛因斯坦斷言這種運動是由原子和分子間的碰撞所引起的。當時，原子是否存在仍然是科學界爭論的問題，所以不能低估這兩篇論文的重要性。愛因斯坦確認了物質的原子論。

在他 1905 年的最後一篇題爲「論動體的電動力學」的論文中，愛因斯坦提出了後來稱之爲狹義相對論的理論。這篇文章讀起來更像一篇議論文，而不像一篇科學論文。整篇論文沒有注釋、參考文獻和引文。愛因斯坦在正好五個星期之內寫了這篇九千字的論文，然而科學史家認爲文中的每一個字就像伊薩克・牛頓的《自然哲學之數學原理》（*Principia*）一樣，意義深遠並富有革命性。

正如牛頓對我們理解引力所做的貢獻一樣，愛因斯坦對我們今天的時空觀做出了貢獻，他在這個過程中推翻了牛頓的時間觀念。牛頓宣稱，「絕對的、眞正的和數學的時間，它自身，按照它的本性，均等地流逝，與任何外部的事物無關。」愛因斯坦認爲一切觀測者都應該測量出同樣的光速，不管它們本身運動得多快。愛因斯坦又斷言，一

個物體的質量不是不變的，而是隨著物體的速度而增加。後來的實驗證明，一個小粒子，加速到光速的 86%，具有的質量是它靜止時的兩倍。

相對論的另一個推論是可用數學表達的質能關係式，愛因斯坦把它表達為 $E = mc^2$。這個運算式——能量等於質量乘以光速的平方——使物理學家理解到，即使很微小量的物質也有潛力產生巨大的能量。所以，只要少數原子的質量的一部分完全轉化為能量，也可以產生巨大的爆炸。因此，愛因斯坦那看來似乎平常的方程式導致科學家設想原子的分裂（原子核分裂）的後果，並促使政府去研製原子彈。1909 年，愛因斯坦受聘為蘇黎世大學的理論物理學教授，三年後他實現了他的雄心壯志，回到聯邦綜合技術大學任正教授。隨之而來的是其他有聲譽的學術職務與領導職位。在此期間，他一直繼續研究引力理論以及廣義相對論。但是，當他的學術地位持續上升時，他的婚姻和健康卻開始惡化了。1914 年，他和米列娃開始辦理離婚手續，同年他受聘為柏林大學教授。當他後來病倒時，他的表姐艾爾薩護理他，使他恢復了健康，1919 年左右，他們結婚了。

狹義相對論使時間與質量概念發生了根本性的變化，廣義相對論則使空間概念發生了根本性的變化。牛頓寫道，「絕對空間，按其本性，與任何外部的東西無關，永遠保持相同並且是不能移動的。」牛頓空間是歐幾里得的，無限的，並且沒有邊界的。它的幾何結構與佔有它的物質完全無關。與此完全相反，愛因斯坦的廣義相對論斷言，一個物體的引力質量不僅作用於其他物體，而且還影響空間的結構。如果一個物體的質量足夠大，它能使它周圍的空間彎曲。在這樣一個區域，光線也顯得彎曲。

1919 年，亞瑟·愛丁頓爵士為了尋求檢驗廣義相對論的證據，組織了兩個遠端考察隊，一個去巴西，一個去西部非洲，去觀測在 5 月29 日日全食時通過一個大質量物體——太陽——附近的恆星的光。在通常情況下這種觀測是不可能的，因為來自遙遠恆星的微弱的光會被白天的光遮蔽，但在日食時，這種光在短時間內是可見的。

在 9 月，愛因斯坦收到了亨德利克·洛倫茲的一個電報。洛倫茲也是物理學家，是他親密的朋友。電報中寫道：「愛丁頓發現恆星在太陽邊緣有位移，初步的測量結果是 9/16 秒和 1.8 秒之間。」愛丁頓的資料與廣義相對論的預測相符。他得自巴西的照片表明，來自天空中若干已知恆星的光，在日食時，與在夜間光不通過太陽附近時，似乎來自不同的位置。廣義相對論被確認了，從而永遠改變了物理學的進程。幾年後，當愛因斯坦的一個學生問他，如果觀測否證了他的理論，他會如何反應。愛因斯坦回答說，「那麼我會為親愛的爵士感到遺憾。理論是正確的。」

廣義相對論被確認使愛因斯坦舉世聞名。1921 年他當選為英國皇家學會會員。他訪問的每個城市都贈予他榮譽學位和獎狀。1927 年，他開始和丹麥物理學家尼爾斯·玻爾一起發展量子力學基礎，儘管他繼續努力想實現他的統一場論的夢想。他在美國的旅行導致他受聘為新澤西州普林斯頓高等研究院的數學和理論物理學教授。

一年以後，在統治德國的納粹開始發動反「猶太人的科學」的鬥爭時，他在普林斯頓長久定居下來。愛因斯坦在德國的財產被沒收，他被取消德國國籍，他在大學的職位也被撤銷。在此之前，愛因斯坦一直認為自己是一個和平主義者。但當希特勒把德國變成歐洲的軍事強國之後，愛因斯坦開始相信用武力反對德國是正當的。1939 年，在第二次世界大戰剛開始時，愛因斯坦開始關注德國可能發展製造原子彈的能力——是他自己的研究使這種武器的研製有了可能，因此他感到對此負有責任。他發了一封信給佛蘭克林·D·羅斯福總統，警告他德國有可能研製原子彈，並敦促美國開展核武器研究。由他的朋友和同行科學家列奧·齊拉德起草的這封信推動了曼哈頓計畫的形成，這個計畫產生了世界上第一顆原子彈。1944 年，愛因斯坦把他手寫的 1905 年關於狹義相對論的論文拍賣，把拍賣所得六百萬美元捐給盟國用於戰爭的需要。

戰後，愛因斯坦繼續投身於他所關注的事業和議題。由於他多年來強烈支持猶太復國主義，1912 年 11 月，以色列要他接受總統的職

務。他有禮貌地推辭了，說他不適合這個職務。1955 年 4 月，在他去世前只一個星期，他寫了一封信給哲學家貝特蘭德・羅素，在信中他表示同意在一個敦促一切國家廢除核武器的宣言上簽名。

　　1955 年 4 月 18 日，愛因斯坦因心力衰竭而逝世。綜觀他的一生，他一直致力於用他的思想而不是依靠他的感官來探求理解宇宙的奧祕。他有一次說，「理論的真理在你的心智中，不在你的眼睛裏。」

論動體的電動力學[①]

　　大家知道，馬克士威電動力學——像現在通常爲人們所理解的那樣——應用到運動的物體上時，就要引起一些不對稱，而這種不對稱似乎不是現象所固有的。比如設想一個磁體與一個導體之間的電動力的相互作用。在這裏，可觀察到的現象只與導體和磁體的相對運動有關，可是按照通常的看法，這兩個物體之中，究竟是這個在運動，還是那個在運動，卻是截然不同的兩回事。如果是磁體在運動，導體靜止著，那麼在磁體附近就會出現一個具有一定能量的電場，它在導體各部分所在的地方產生一股電流。但是如果磁體是靜止的，而導體在運動，那麼磁體附近就沒有電場，可是在導體中卻有一電動勢，這種電動勢本身雖然並不相當於能量，但是它——假定這裏所考慮的兩種情況中的相對運動是相等的——卻會引起電流，這種電流的大小和路線都同前一情況中由電力所產生的一樣。

　　諸如此類的例子，以及企圖證實地球相對於「光媒質」運動的實驗的失敗，引起了這樣一種猜想：絕對靜止這個概念，不僅在力學中，而且在電動力學中也不符合現象的特性，倒是應當認爲，凡是對力學

①這是相對論的第一篇論文，是物理學中具有劃時代意義的歷史文獻，寫於 1905 年 6 月，發表在 1905 年 9 月的德國《物理年報》（*Annalen der Physik*），第 4 編，第 17 卷，第 891-921 頁。——中譯者

方程適用的一切座標系，對於上述電動力學和光學的定律也一樣適用，對於第一級微量來說，這是已經證明了的。② 我們要把這個猜想（它的內容以後就稱之為「相對性原理」）提升為公設，並且還要引進另一條在表面上看來與它不相容的公設：光在真空裏總是以一確定的速度 c 傳播著，這速度同發射體的運動狀態無關。由這兩條公設，根據靜體的馬克士威理論，就足以得到一個簡單而又不自相矛盾的動體電動力學。「光以太」的引用將被證明是多餘的，因為按照這裏所要闡明的見解，既不需要引進一個具有特殊性質的「絕對靜止的空間」，也不需要給發生電磁過程的真空中的每個點規定一個速度向量。

這裏所要闡明的理論——像其他各種電動力學一樣——是以剛體的運動學為根據的，因為任何這種理論所講的，都是關於剛體（座標系）、時鐘和電磁過程之間的關係。對這種情況考慮不足，就是動體電動力學目前所必須克服的那些困難的根源。

A. 運動學部分

§1. 同時性的定義

設有一個牛頓力學方程在其中有效的座標系。③ 為了使我們的陳述比較嚴謹，並且便於將這個座標系同以後要引進來的別的座標系在字面上加以區別，我們叫它「靜系」。

如果一個質點相對於這個座標系是靜止的，那麼它相對於後者的位置就能夠用剛性的量桿按照歐幾里得幾何的方法來定出，並且能用笛卡兒座標來表示。

如果我們要描述一個質點的**運動**，我們就以時間的函數來給出它

---

② 當時作者並不知道洛倫茲和彭加勒在 1904 至 1905 年間發表的有關論文。——英譯者
③ 即在第一級近似上。——英譯者

的座標值。現在我們必須記住，這樣的數學描述，只有在我們十分清楚地懂得「時間」在這裏指的是什麼之後才有物理意義。我們應當考慮到：凡是時間在裏面起作用的我們的一切判斷，總是關於**同時的事件**的判斷。比如我說，「那列火車 7 點鐘到達這裏」，這大概是說：「我的錶的短針指到 7 與火車的到達是同時的事件。」④

可能有人認爲，用「我的錶的短針的位置」來代替「時間」，也許就有可能克服由於定義「時間」而帶來的一切困難。事實上，如果問題只是在於爲這隻錶所在的地點來定義一種時間，那麼這樣一種定義就已經足夠了；但是，如果問題是要把發生在不同地點的一系列事件在時間上聯繫起來，或者說——其結果依然一樣——要定出那些在遠離這只表的地點所發生的事件的時間，那麼這樣的定義就不夠了。

當然，我們對於用如下的辦法來測定事件的時間也許會感到滿意，那就是讓觀察者同錶一起處於座標的原點上，而當每一個表明事件發生的光信號通過眞空到達觀察者時，他就把當時的時針位置同光到達的時間對應起來。但是這種對應關係有一個缺點，正如我們從經驗中所已知的那樣，它同這個戴有錶的觀察者所在的位置有關。通過下面的考慮，我們得到一種比較切合實際得多的測定法。

如果在空間的 A 點放一隻鐘，那麼對於貼近 A 處的事件的時間，A 處的一個觀察者能夠由找出同這些事件同時出現的時針位置來加以測定。如果又在空間的 B 點放一隻鐘——我們還要加一句，「這是一隻同放在 A 處的那只完全一樣的鐘。」——那麼，通過在 B 處的觀察者，也能夠求出貼近 B 處的事件的時間。但要是沒有進一步的規定，就不可能把 A 處的事件同 B 處的事件在時間上進行比較；到此爲止，我們只定義了「A 時間」和「B 時間」，但是並沒有定義對於 A 和 B 是公共的「時間」。只有當我們**通過定義**，把光從 A 到 B 所需要

④這裏，我們不去討論那種隱伏在（近乎）同一地點發生的兩個事件的同時性這一概念裏的不精確性，這種不精確性同樣必須用一種抽象法把它消除。——英譯者

的「時間」規定爲等於它從 B 到 A 所需要的「時間」，我們才能夠定義 A 和 B 的公共「時間」。設在「A 時間」t_A 從 A 發出一道光線射向 B，它在「B 時間」t_B 又從 B 被反射向 A，而在「A 時間」t'_A 回到 A 處。如果

$$t_B - t_A = t'_A - t_B,$$

那麼這兩隻鐘按照定義是同步的。

我們假定，這個同步性的定義是可以沒有矛盾的，並且對於無論多少個點也都適用，於是下面兩個關係是普遍有效的：

1. 如果在 B 處的鐘與在 A 處的鐘同步，那麼在 A 處的鐘也就與 B 處的鐘同步。

2. 如果在 A 處的鐘既與 B 處的鐘，又與 C 處的鐘同步，那麼，B 處與 C 處的兩隻鐘也是相互同步的。

這樣，我們借助於某些（假想的）物理經驗，對於靜止在不同地方的各隻鐘，規定了什麼叫做它們是同步的，從而顯然也就獲得了「同時」和「時間」的定義。一個事件的「時間」，就是在這事件發生地點靜止的一隻鐘與該事件同時的一種指示，而這隻鐘是同某一隻特定的靜止的鐘同步的，而且對於一切的時間測定，也都是同這只特定的鐘同步的。

根據經驗，我們還把下列量值

$$\frac{2AB}{t'_A - t_A} = c$$

當作一個普適常數（光在眞空中的速度）。

要點是，我們用靜止在靜止座標系中的鐘來定義時間；由於它從屬於靜止的座標系，我們把這樣定義的時間叫作「靜系時間」。

§2.關於長度和時間的相對性

下面的考慮是以相對性原理和光速不變原理爲依據的，這兩條原理我們定義如下：

1. 物理體系的狀態據以變化的定律，同描述這些狀態變化時所參照的座標系究竟是用兩個在互相勻速移動著的座標系中的哪一個並無關係。

2. 任何光線在「靜止的」座標系中都是以確定的速度 c 運動著，不管這道光線是由靜止的物體還是由運動的物體發射出來。由此，得

$$速度 = \frac{光的路程}{時間間隔}$$

這裏的「時間間隔」是依照 §1 中所定義的意義來理解的。

設有一靜止的剛性桿；用一根也是靜止的量桿量得它的長度是 l。我們現在設想這桿的軸是放在靜止座標系的 X 軸上，然後使這根桿沿著 X 軸向 x 增加的方向做勻速的平行移動（速度是 v）。我們現在來考查這根**運動著**的桿的長度，並且設想它的長度是由下面兩種操作來確定的：

(1)觀察者同前面所給的量桿以及那根要量度的桿一道運動，並且直接用量桿同桿相疊合來量出桿的長度，正像要量的桿、觀察者和量桿都處於靜止時一樣。

(2)觀察者借助於一些安置在靜系中的、並且根據 §1 作同步運行的靜止的鐘，在某一特定時刻 t，求出那根要量的桿的始末兩端處於靜系中的哪兩個點上。用那根已經使用過的在這情況下是靜止的量桿所量得的這兩點之間的距離，也是一種長度，我們可以稱它為「桿的長度」。

由操作(1)求得的長度，我們可稱之為「動系中桿的長度」。根據相對性原理，它必定等於靜止桿的長度 l。

由操作(2)求得的長度，我們可稱之為「靜系中（運動著的）桿的長度」。這種長度我們要根據我們的兩條原理來加以確定，並且將會發現，它是不同於 l 的。

通常所用的運動學心照不宣地假定了：用上述這兩種操作所測得的長度彼此是完全相等的，或者換句話說，一個運動著的剛體，於時期 t，在幾何學關係上完全可以用**靜止**在一定位置上的**同一**物體來代替。

此外，我們設想，在桿的兩端（A 和 B），都放著一隻同靜系的鐘同步的鐘，也就是說，這些鐘在任何瞬間所報的時刻，都同它們所在地方的「靜系時間」相一致；因此，這些鐘也是「在靜系中同步的」。

我們進一步設想，在每一隻鐘那裏都有一位運動著的觀察者同它在一起，而且他們把 §1 中確立起來的關於兩隻鐘同步運行的判據應用到這兩隻鐘上。設有一道光線在時間[5] t_A 從 A 處發出，在時間 t_B 於 B 處被反射回，並在時間 $t'A$ 返回到 A 處。考慮到光速不變原理，我們得到：

$$t_B - t_A = \frac{r_{AB}}{c - v} \text{ 和 } t'_A - t_B = \frac{r_{AB}}{c + v},$$

此處 r_{AB} 表示運動著的桿的長度——在靜系中量得的。因此，同動桿一起運動著的觀察者會發現這兩隻鐘不是同步運行的，可是處在靜系中的觀察者卻會宣稱這兩隻鐘是同步的。

由此可見，我們不能給予同時性這概念以任何**絕對的**意義；兩個事件，從一個座標系看來是同時的，而從另一個相對於這個座標系運動著的座標系看來，它們就不能再被認為是同時的事件了。

§3. 從靜系到另一個相對於它作勻速移動的座標系的座標和時間的變換理論

設在「靜止的」空間中有兩個座標系，每一個都是由三條從一點發出並且互相垂直的剛性物質直線所組成。設想這兩個座標系的 X 軸是疊合在一起的，而它們的 Y 軸和 Z 軸則各自互相平行著[6]。設

---

[5] 這裏的「時間」表示「靜系的時間」，同時也表示「運動著的鐘經過所討論的地點時的指針位置」。——英譯者

[6] 本文中用大寫的拉丁字母 XYZ 和希臘字母 ΞHZ 分別表示這兩個座標系（K 系和 k 系）的軸，而用相應的小寫拉丁字母 x、y、z 和小寫的希臘字母 ξ、η、ζ 分別表示它們的座標值。——中譯者

每一系都備有一根剛性量桿和若干隻鐘，而且這兩根量桿和兩座標系的所有的鐘彼此都是完全相同的。

現在對其中一個座標系（k）的原點，在朝著另一個靜止的座標系（K）的 x 增加方向上給以一個（恆定）速度 v，設想這個速度也傳給了座標軸、有關的量桿，以及那些鐘。因此，對於靜系 K 的每一時間 t，都有動系軸的一定位置同它相對應，由於對稱的緣故，我們有權假定 k 的運動可以是這樣的：在時間 t（這個「t」始終是表示靜系的時間），動系的軸是同靜系的軸相平行的。

我們現在設想空間不僅是從靜系 K 用靜止的量桿來量度，而且也可從動系 k 用一根同它一道運動的量桿來量，由此分別得到座標 x、y、z 和 ξ、η、ζ。再借助於放在靜系中的靜止的鐘，用 §1 中所講的光信號方法，來測定一切安置有鐘的各個點的靜系時間 t；同樣，對於一切安置有同動系相對靜止的鐘的點，它們的動系時間 τ 也是用 §1 中所講的兩點間的光信號方法來測定，而在這些點上都放著後一種（對動系靜止）的鐘。

對於完全地確定靜系中一個事件的位置和時間的每一組值 x、y、z、t，對應有一組值 ξ、η、ζ、τ，它們確定了那一事件對於座標系 k 的關係，現在要解決的問題是求出聯繫這些量的方程組。

首先，這些方程顯然應當都是**線性**的，因為我們認為空間和時間是具有均勻性的。

如果我們置 $x'=x-vt$，那麼顯然，對於一個在 k 系中靜止的點，就必定有一組同時間無關的值 x'、y、z。我們先把 τ 定義為 x'、y、z 和 t 的函數。為此目的，我們必須用方程來表明 τ 不是別的，而只不過是 k 系中已經依照 §1 中所規定的規則同步化了的靜止鐘的全部資料。

從 k 系的原點在時間 τ_0 發射一道光線，沿著 X 軸向 x'，在 τ_1 時從那裏反射回座標系的原點，而在 τ_2 時到達；由此必定有下列關係：

$$\frac{1}{2}(\tau_0+\tau_2)=\tau_1$$

或者，當我們引進函數 τ 的自變數，並且應用在靜系中的光速不變的原理：

$$\frac{1}{2}\left[\tau(0,\,0,\,0,\,t)+\tau\left(0,\,0,\,0,\,t+\frac{x'}{c-v}+\frac{x'}{c+v}\right)\right]$$
$$=\tau\left(x',\,0,\,0,\,t+\frac{x'}{c-v}\right)。$$

如果我們選取 x' 為無限小，那麼，

$$\frac{1}{2}\left(\frac{1}{c-v}+\frac{1}{c+v}\right)\frac{\partial\tau}{\partial t}=\frac{\partial\tau}{\partial x'}+\frac{1}{c-v}\frac{\partial\tau}{\partial t},$$

或者

$$\frac{\partial\tau}{\partial x'}+\frac{v}{c^2-v^2}\frac{\partial\tau}{\partial t}=0,$$

應當指出，我們可以不選座標原點，而選任何別的點作為光線的出發點，因此剛才所得到的方程對於 x'、y、z 的一切數值都該是有效的。

作類似的考查——用在 Y 軸和 Z 軸上——並且注意到，從靜系看來，光沿著這些軸傳播的速度始終是 $\sqrt{c^2-v^2}$，這就得到：

$$\frac{\partial\tau}{\partial y}=0,$$
$$\frac{\partial\tau}{\partial z}=0。$$

由於 τ 是**線性**函數，從這些方程得到：

$$\tau=a\left(t-\frac{v}{c^2-v^2}x'\right)。$$

此處 a 暫時還是一個未知函數 $\varphi(v)$，並且為了簡便起見，假定在 k 的原點，當 $\tau=0$ 時，$t=0$。

借助於這一結果，就不難確定 ξ、η、ζ 這些量，這只要用方程來表明，光（像光速不變原理和相對性原理所共同要求的）在動系中量度起來也是以速度 c 在傳播的。對於在時間 $\tau=0$ 向 ξ 增加的方向發射出去的一道光線，其方程是：

$$\xi=c\tau，或者 \xi=ac\left(t-\frac{v}{c^2-v^2}x'\right)。$$

但在靜系中量度，這道光線以速度 $c-v$ 相對於 k 的原點運動著，因此得到：

$$\frac{x'}{c-v}=t \text{。}$$

如果我們以 t 的這個值代入關於 ξ 的方程中，我們就得到：

$$\xi=a\frac{c^2}{c^2-v^2}x' \text{。}$$

用類似的辦法，考查沿著另外兩根軸走的光線，我們就求得：

$$\eta=c\tau=ac\left(t-\frac{v}{c^2-v^2}x'\right),$$

此處

$$\frac{y}{\sqrt{c^2-v^2}}=t，x'=0 ;$$

因此

$$\eta=a\frac{c}{\sqrt{c^2-v^2}}y \text{ 和 } \zeta=a\frac{c}{\sqrt{c^2-v^2}}z \text{。}$$

代入 x' 的值，我們就得到：

$$\tau=\varphi(v)\beta\left(t-\frac{v}{c^2}x\right),$$
$$\xi=\varphi(v)\beta(x-vt),$$
$$\eta=\varphi(v)y,$$
$$\zeta=\varphi(v)z,$$

此處

$$\beta=\frac{1}{\sqrt{1-\left(\frac{v}{c}\right)^2}},$$

而 φ 暫時仍是 v 的一個未知函數。如果對於動系的初始位置和 τ 的零點不作任何假定，那麼這些方程的右邊都有一個附加常數。

我們現在應當證明，任何光線在動系量度起來都是以速度 c 傳播的，如果像我們所假定的那樣，在靜系中的情況就是這樣的；因為我們還未曾證明光速不變原理同相對性原理是相容的。

在 $t=\tau=0$ 時，這兩座標系共有一個原點，設從這原點發射出一個球面波，在 K 系裏以速度 c 傳播著。如果 $(x，y，z)$ 是這個波剛到達的一點，那麼

$$x^2+y^2+z^2=c^2t^2$$

借助我們的變換方程來變換這個方程，經過簡單的演算後，我們得到：

$$\xi^2+\eta^2+\zeta^2=c^2\tau^2$$

由此，在動系中看來，所考查的這個波仍然是一個具有傳播速度 c 的球面波。這表明我們的兩條基本原理是彼此相容的。[⑦]

在已推演得的變換方程中，還留下一個 v 的未知函數 φ，這是我們現在所要確定的。

為此目的，我們引進第三個座標系 K'，它相對於 k 系作這樣一種平行於 $\varXi$ 軸的移動，使它的座標原點在 $\varXi$ 軸上以速度 $-v$ 運動著。設在 $t=0$ 時，所有這三個座標原點都重合在一起，而當 $t=x=y=z=0$ 時，設 K' 系的時間 t' 為零。我們把在 K' 系得的座標叫作 x'、y'、z'，通過兩次運用我們的變換方程，我們就得到：

$$t'=\varphi(-v)\beta(-v)\left(\tau+\frac{v}{c^2}\xi\right)=\varphi(v)\varphi(-v)t，$$
$$x'=\varphi(-v)\beta(-v)(\xi+v\tau)\quad=\varphi(v)\varphi(-v)x，$$
$$y'=\varphi(-v)\eta\quad\quad\quad\quad\quad=\varphi(v)\varphi(-v)y，$$
$$z'=\varphi(-v)\zeta\quad\quad\quad\quad\quad=\varphi(v)\varphi(-v)z。$$

由於 x'、y'、z' 同 x、y、z 之間的關係中不含有時間 t，所以 K 同 K' 這兩個座標系是相對靜止的，而且，從 K 到 K' 的變換顯然也必定是恆等變換。因此：

⑦ 洛倫茲變換方程可以直接從下面的條件更加簡單地導出來：由於那些方程，從

$$x^2+y^2+z^2=c^2t^2$$

這一關係，應該推導出第二個關係

$$\xi^2+\eta^2+\zeta^2=c^2\tau^2\quad\quad\text{——英譯者}$$

$$\varphi(v)\varphi(-v)=1 \text{。}$$

我們現在來探究 $\varphi(v)$ 的意義。我們注意 k 系中 H 軸上在 $\xi=0$，$\eta=0$，$\zeta=0$ 和 $\xi=0$，$\eta=l$，$\zeta=0$ 之間的這一段。這一段的 H 軸，是一根對於 K 系以速度 v 做垂直於它自己的軸運動著的桿。它的兩端在 K 中的座標是：

$$x_1=vt \text{，} y_1=\frac{l}{\varphi(v)} \text{，} z_1=0 \text{；}$$

和

$$x_2=vt \text{，} y_2=0 \text{，} z_2=0 \text{。}$$

在 K 中所量得的這桿的長度也是 $\frac{l}{\varphi(v)}$；這就給出了函數 φ 的意義。由於對稱的緣故，一根相對於自己的軸作垂直運動的桿，在靜系中量得的它的長度，顯然必定只同運動的速度有關，而同運動的方向和指向無關。因此，如果 v 同 $-v$ 對調，在靜系中量得的動桿的長度應當不變。由此推得：

$$\frac{l}{\varphi(v)}=\frac{l}{\varphi(-v)} \text{，或者} \varphi(v)=\varphi(-v) \text{。}$$

從這個關係和前面得出的另一關係，就必然得到 $\varphi(v)=1$，因此，已經得到的變換方程就變為：⑧

$$\tau=\beta\left(t-\frac{v}{c^2}x\right) \text{，}$$

$$\xi=\beta(x-vt) \text{，}$$

⑧ 這一組變換方程以後通稱為洛倫茲變換方程，事實上它是同洛倫茲 1904 年提出的變換方程不同的。洛倫茲原來的形式相當於：

$$\tau=\frac{t}{\beta}-\frac{\beta v}{c^2}x \text{，} \xi=\beta x \text{，} \eta=y \text{，} \zeta=z \text{。}$$

兩者只對於 β 的一次方才是一致的。值得注意的是，對於愛因斯坦的形式，$x^2+y^2+z^2-c^2t^2$ 是一個不變量；而對於洛倫茲的形式則不是。所以以後大家都採用愛因斯坦的形式。這個變換方程，W·伏格特（W. Voigt）於 1887 年，J·拉摩（J. Larmor）於 1900 年已分別發現，但當時並未認識其重要意義，因此也未引起人們的注意。——中譯者

$$\eta = y \text{,}$$
$$\zeta = z \text{,}$$

此外

$$\beta = \frac{1}{\sqrt{1-\left(\dfrac{v}{c}\right)^2}} \text{。}$$

§4. 關於運動剛體和運動時鐘所得方程的物理意義

我們觀察一個半徑為 R 的剛性球[9]，它相對於動系 k 是靜止的，它的中心在 k 的座標原點上。這個球以速度 v 相對於 K 系運動著，它的球面的方程是：

$$\xi^2 + \eta^2 + \zeta^2 = R^2 \text{。}$$

用 x，y，z 來表示，在 $t = 0$ 時，這個球面的方程是：

$$\frac{x^2}{\left[\sqrt{1-\left(\dfrac{v}{c}\right)^2}\right]^2} + y^2 + z^2 = R^2 \text{。}$$

一個在靜止狀態量起來是球形的剛體，在運動狀態——從靜系看來——則具有旋轉橢球的形狀了，這橢球的軸是

$$R\sqrt{1-\left(\dfrac{v}{c}\right)^2} \text{，} R \text{，} R \text{。}$$

這樣看來，球（因而也可以是無論什麼形狀的剛體）的 Y 方向和 Z 方向的長度不因運動而改變，而 X 方向的長度則好像以 $1 : \sqrt{1-\left(\dfrac{v}{c}\right)^2}$ 的比率縮短了，v 愈大，縮短得就愈厲害。對於 $v = c$，一切運動著的物體——從「靜」系看來——都縮成扁平的了。對於大於光速的速度，我們的討論就變得毫無意義了；此外，在以後的討論中我們會發現，光速在我們的物理理論中扮演著無限大速度的角色。

[9] 即在靜止時看來是球形的物體。——英譯者

很顯然，從勻速運動著的座標系看來，同樣的結果也適用於靜止在「靜」系中的物體。

進一步，我們設想有若干隻鐘，當它們同靜系相對靜止時，它們能夠指示時間 t；而當它們同動系相對靜止時，就能夠指示時間 τ，現在我們把其中一隻鐘放到 k 的座標原點上，並且校準它，使它指示時間 τ。從靜系看來，這隻鐘走的快慢怎樣呢？

在同這隻鐘的位置有關的量 x、t 和 τ 之間，顯然下列方程成立：

$$\tau = \frac{1}{\sqrt{1-\left(\frac{v}{c}\right)^2}} \left(t - \frac{v}{c^2}x\right) \text{ 和 } x = vt ,$$

因此，

$$\tau = t\sqrt{1-\left(\frac{v}{c}\right)^2} = t - \left[1 - \sqrt{1-\left(\frac{v}{c}\right)^2}\right]t 。$$

由此得知，這隻鐘所指示的時間（在靜系中看來）每秒鐘要慢 $1 - \sqrt{1-\left(\frac{v}{c}\right)^2}$ 秒，或者——略去第四級和更高級的〔小〕量——要慢 $\frac{1}{2}\left(\frac{v}{c}\right)^2$ 秒。

從這裏產生了如下的奇特後果。如果在 K 的 A 點和 B 點上各有一隻在靜系看來是同步運行的靜止的鐘，並且使 A 處的鐘以速度 v 沿著 AB 連線向 B 運動，那麼當它到達 B 時，這兩隻鐘不再是同步的了，從 A 向 B 運動的鐘要比另一隻留在 B 處的鐘落後 $\frac{1}{2}\frac{tv^2}{c^2}$ 秒〔不計第四級和更高級的（小）量〕，t 是這隻鐘從 A 到 B 所費的時間。

我們立即可見，當鐘從 A 到 B 是沿著一條任意的折線運動時，上面這結果仍然成立，甚至當 A 和 B 這兩點重合在一起時，也還是如此。

如果我們假定，對於折線證明的結果，對於連續曲線也是有效的，那麼我們就得到這樣的命題：如果 A 處有兩隻同步的鐘，其中一隻以恆定速度沿一條閉合曲線運動，經歷了 t 秒後回到 A，那麼，比那隻

在 A 處始終未動的鐘來，這隻鐘在它到達 A 時，要慢$\frac{1}{2}t\left(\frac{v}{c}\right)^2$秒。由此，我們可以斷定：在赤道上的擺輪鐘⑩，比起放在兩極的一隻在性能上完全一樣的鐘來，在別的條件都相同的情況下，它要走得慢些，不過所差的量非常之小。

§5. 速度的加法定理

在以速度 v 沿 K 系的 X 軸運動著的 k 系中，設有一個點依照下面的方程在運動：

$$\xi=w_\xi\tau，\eta=w_\eta\tau，\zeta=0，$$

此外 w_ξ 和 w_η 都表示常數。

求這個點對於 K 系的運動。借助於 §3 中得出的變換方程，我們把 x、y、z、t 這些量引進這個點的運動方程中來，我們就得到：

$$x=\frac{w_\xi+v}{1+\frac{vw_\xi}{c^2}}t，$$

$$y=\frac{\sqrt{1-\left(\frac{v}{c}\right)^2}}{1+\frac{vw_\xi}{c^2}}w_\eta t，$$

$$z=0$$

這樣，依照我們的理論，速度的平行四邊形定律只在第一級近似範圍內才是有效的。我們置：

$$V^2=\left(\frac{dx}{dt}\right)^2+\left(\frac{dy}{dt}\right)^2，$$
$$w^2=w_\xi^2+w_\eta^2，$$

⑩ 不是「擺鐘」，在物理學上擺鐘是同地球同屬一個體系的。這種情況必須除外。──英譯者〔按：普通的手錶就是擺輪鐘的一種。──中譯者〕

$$\alpha = \text{arc} \tan \frac{w_\eta}{w_\xi} \; ; \; ⑪$$

α 因而被看作是 v 和 w 兩速度之間的交角。經過簡單演算後,我們得到:

$$V = \frac{\sqrt{(v^2 + w^2 + 2vw\cos\alpha) - \left(\frac{vw\sin\alpha}{c}\right)^2}}{1 + \frac{vw\sin\alpha}{c^2}}$$

值得注意的是,v 和 w 是以對稱的形式進入合成速度的式子裏的。如果 w 也取 X 軸(Ξ 軸)的方向,那麼我們就得到:

$$V = \frac{v + w}{1 + \frac{vw}{c^2}} \; 。$$

從這個方程得知,由兩個小於 c 的速度合成而得的速度總是小於 c。因為如果我們置 $v = c - \varkappa$,$w = c - \lambda$,此處 $\varkappa$ 和 λ 都是正的並且小於 c,那麼:

$$V = c\frac{2c - \varkappa - \lambda}{2c - \varkappa - \lambda + \frac{\varkappa\lambda}{c}} < c$$

進一步還可看出,光速 c 不會因為同一個「小於光速的速度」合成起來而有所改變。在這場合下,我們得到:

$$V = \frac{c + w}{1 + \frac{w}{c}} = c$$

當 v 和 w 具有同一方向時,我們也可以把兩個依照 §3 的變換聯合起來,而得到 V 的公式。如果除了在 §3 中所描述的 K 和 k 這兩個座標系之外,我們還引進另一個對 k 做平行運動的座標系 k',它的原點以速度 w 在 Ξ 軸上運動著,那麼我們就得到 x、y、z、t 這些量同 k'

---

⑪原文是:$\alpha = \text{arc} \tan \frac{w_y}{w_x}$。——中譯者

的對應量之間的方程，它們同那些在§3中所得到的方程的區別，僅僅在於以

$$\frac{v+w}{1+\dfrac{vw}{c^2}}$$

這個量來代替 v；由此可知，這樣的一些平行變換——必然地——形成一個群。

我們現在已經依照我們的兩條原理推導出運動學的必要命題，我們要進而說明它們在電動力學中的應用。

B. 電動力學部分

§6. 關於真空馬克士威—赫茲方程的變換
關於磁場中由運動所產生的電動力的本性

設關於真空的馬克士威—赫茲方程對於靜系 K 是有效的，那麼我們可以得到：

$$\frac{1}{c}\frac{\partial X}{\partial t}=\frac{\partial N}{\partial y}-\frac{\partial M}{\partial z}\,,\quad \frac{1}{c}\frac{\partial L}{\partial t}=\frac{\partial Y}{\partial z}-\frac{\partial Z}{\partial y}\,,$$

$$\frac{1}{c}\frac{\partial Y}{\partial t}=\frac{\partial L}{\partial z}-\frac{\partial N}{\partial x}\,,\quad \frac{1}{c}\frac{\partial M}{\partial t}=\frac{\partial Z}{\partial x}-\frac{\partial X}{\partial z}\,,$$

$$\frac{1}{c}\frac{\partial Z}{\partial t}=\frac{\partial M}{\partial x}-\frac{\partial L}{\partial y}\,,\quad \frac{1}{c}\frac{\partial N}{\partial t}=\frac{\partial X}{\partial y}-\frac{\partial Y}{\partial x}\,。$$

此處 $(X，Y，Z)$ 表示電力的向量，而 $(L，M，N)$ 表示磁力的向量。

如果我們把§3中所得出的變換用到這些方程上去，把這電磁過程參照於那個在§3中所引用的、以速度 v 運動著的座標系，我們就得到如下方程：

$$\frac{1}{c}\frac{\partial X}{\partial \tau} = \frac{\partial \left[\beta \left(N - \frac{v}{c}Y\right)\right]}{\partial \eta} - \frac{\partial \left[\beta \left(M + \frac{v}{c}Z\right)\right]}{\partial \zeta}$$

$$\frac{1}{c}\frac{\partial \left[\beta \left(Y - \frac{v}{c}N\right)\right]}{\partial \tau} = \frac{\partial L}{\partial \zeta} - \frac{\partial \left[\beta \left(N - \frac{v}{c}Y\right)\right]}{\partial \zeta} ,$$

$$\frac{1}{c}\frac{\partial \left[\beta \left(Z + \frac{v}{c}M\right)\right]}{\partial } = \frac{\partial \left[\beta \left(M + \frac{v}{c}Z\right)\right]}{\partial \xi} - \frac{\partial L}{\partial \eta} ,$$

$$\frac{1}{c}\frac{\partial L}{\partial \tau} = \frac{\partial \left[\beta \left(Y - \frac{v}{c}N\right)\right]}{\partial \zeta} - \frac{\partial \left[\beta \left(Z + \frac{v}{c}M\right)\right]}{\partial \eta} ,$$

$$\frac{1}{c}\frac{\partial \left[\beta \left(M + \frac{v}{c}Z\right)\right]}{\partial \tau} = \frac{\partial \left[\beta \left(Z + \frac{v}{c}M\right)\right]}{\partial \xi} - \frac{\partial X}{\partial \zeta} ,$$

$$\frac{1}{c}\frac{\partial \left[\beta \left(N - \frac{v}{c}Y\right)\right]}{\partial \tau} = \frac{\partial X}{\partial \eta} - \frac{\partial \left[\beta \left(Y - \frac{v}{c}N\right)\right]}{\partial \xi} ,$$

此處

$$\beta = \frac{1}{\sqrt{1 - \left(\frac{v}{c}\right)^2}}$$

相對性原理現在要求，如果關於眞空的馬克士威—赫茲方程在 K 系中成立，那麼它們在 k 系中也該成立，也就是說，對於動系 k 的電力向量（X'，Y'，Z'）和磁力向量（L'，M'，N'）——它們是在動系 k 中分別由那些在帶電體和磁體上的有重動力作用來定義的——下列方程成立：

$$\frac{1}{c}\frac{\partial X'}{\partial \tau} = \frac{\partial N'}{\partial \eta} - \frac{\partial M'}{\partial \zeta} , \quad \frac{1}{c}\frac{\partial L'}{\partial \tau} = \frac{\partial Y'}{\partial \zeta} - \frac{\partial Z'}{\partial \eta} ,$$

$$\frac{1}{c}\frac{\partial Y'}{\partial \tau} = \frac{\partial L'}{\partial \zeta} - \frac{\partial N'}{\partial \xi} , \quad \frac{1}{c}\frac{\partial M'}{\partial \tau} = \frac{\partial Z'}{\partial \xi} - \frac{\partial X'}{\partial \zeta} ,$$

$$\frac{1}{c}\frac{\partial Z'}{\partial \tau} = \frac{\partial M'}{\partial \xi} - \frac{\partial L'}{\partial \eta} , \quad \frac{1}{c}\frac{\partial N'}{\partial \tau} = \frac{\partial X'}{\partial \eta} - \frac{\partial Y'}{\partial \xi} 。$$

　　顯然，爲 k 系所求得的上面這兩個方程組必定表達同一回事，因爲這兩個方程組都相當於 K 系的馬克士威一赫茲方程。此外，由於兩組裏的各個方程，除了代表向量的符號以外，都是相一致的，因此，在兩個方程組裏的對應位置上出現的函數，除了一個因數 $\psi(v)$ 之外，都應當相一致，而 $\psi(v)$ 這因數對於一個方程組裏的一切函數都是共同的，並且同 ξ、η、ζ 和 τ 無關，而只同 v 有關。由此我們得到如下關係：

$$X' = \psi(v)\, X \,,\quad L' = \psi(v)\, L \,,$$
$$Y' = \psi(v)\, \beta\left(Y - \frac{v}{c}N \right),\quad M' = \psi(v)\, \beta\left(M + \frac{v}{c}Z \right),$$
$$Z' = \psi(v)\, \beta\left(Z + \frac{v}{c}M \right),\quad N' = \psi(v)\, \beta\left(N - \frac{v}{c}Y \right)。$$

　　我們現在來作這個方程組的逆變換，首先要用到剛才所得到的方程的解，其次，要把這些方程用到那個由速度 $-v$ 來表徵的逆變換（從 k 變換到 K）上去，那麼，當我們考慮到如此得出的兩個方程組必定是恆定的，就得到：

$$\psi(v) \cdot \psi(-v) = 1。$$

再者，由於對稱的緣故，[12]

$$\psi(v) = \psi(-v)；$$

所以　　　　　　　　　　$$\psi(v) = 1，$$

我們的方程也就具有如下形式：

$$X' = X \,,\quad L' = L \,,$$
$$Y' = \beta\left(Y - \frac{v}{c}N \right),\quad M' = \beta\left(M + \frac{v}{c}Z \right),$$
$$Z' = \beta\left(Z + \frac{v}{c}M \right),\quad N' = \beta\left(N - \frac{v}{c}Y \right)。$$

爲了解釋這些方程，我們作如下的說明：設有一個點狀電荷，當它在

---

[12] 比如，要是 $X = Y = Z = L = M = 0$，而 $N \neq 0$，那麼，由於對稱的緣故，如果 v 改變正負號而不改變其數值，顯然 Y' 也必定改變正負號而不改變其數值。——英譯者

靜系 K 中量度時，電荷的量值是「1」，那就是說，當它靜止在靜系中時，它以 1 達因的力作用在距離 1 釐米處的一個相等的電荷上。根據相對性原理，在動系中量度時，這個電荷的量值也該是「1」。如果這個電荷相對於靜系是靜止的，那麼按照定義，向量（X，Y，Z）就等於作用在它上面的力。如果這個電荷相對於動系是靜止的（至少在有關的瞬時），那麼作用在它上面的力，在動系中量出來是等於向量（X'，Y'，Z'）。由此，上面方程中的前面三個，在文字上可以用如下兩種方式來表述：

1. 如果一個單位點狀電荷在一個電磁場中運動，那麼作用在它上面的，除了電力，還有一個「電動力」，要是我們略去 v/c 的二次以及更高次冪所乘的項，這個電動力就等於單位電荷的速度同磁力的外積除以光速（舊的表述方式）。

2. 如果一個單位點狀電荷在一個電磁場中運動，那麼作用在它上面的力就等於在電荷所在處出現的一種電力，這個電力是我們把這電磁場變換到同這單位電荷相對靜止的一個座標系上去時所得出的（新的表述方式）。

對於「磁動力」也是相類似的。我們看到，在所闡述的這個理論中，電動力只起著一個輔助概念的作用，它的引用是由於這樣的情況：電力和磁力都不是獨立於座標系的運動狀態而存在的。

同時也很明顯，開頭所講的，那種在考查由磁體同導體的相對運動而產生電流時所出現的不對稱性，現在是不存在了。而且，關於電動力學的電動力的「位置」（sitz）問題（單極電機），現在也不成為問題了。

§7. 都卜勒原理和光行差的理論

在 K 系中，離座標原點很遠的地方，設有一電動波源，在包括座標原點在內的一部分空間裏，這些電磁波可以在足夠的近似程度上用下面的方程來表示：

$$X = X_0 \sin\Phi \text{，} L = L_0 \sin\Phi \text{，}$$
$$Y = Y_0 \sin\Phi \text{，} M = M_0 \sin\Phi \text{，}$$
$$Z = Z_0 \sin\Phi \text{，} N = N_0 \sin\Phi \text{，}$$

此處
$$\Phi = \omega\left(t - \frac{ax + by + cz}{c}\right)。$$

這裏的（X_0，Y_0，Z_0）和（L_0，M_0，N_0）是規定波列的振幅的向量，a、b、c 是波面法線的方向餘弦。我們要探究由一個靜止在動系 k 中的觀察者看起來的這些波的性狀。

應用 §6 所得出的關於電力和磁力的變換方程，以及 §3 所得出的關於座標和時間的變換方程，我們立即得到：

$$X' = X_0 \sin\Phi' \text{，} L' = L_0 \sin\Phi' \text{，}$$
$$Y' = \beta\left(Y_0 - \frac{v}{c}N_0\right)\sin\Phi' \text{，} M' = \beta\left(M_0 + \frac{v}{c}Z_0\right)\sin\Phi' \text{，}$$
$$Z' = \beta\left(Z_0 + \frac{v}{c}M_0\right)\sin\Phi' \text{，} N' = \beta\left(N_0 - \frac{v}{c}Y_0\right)\sin\Phi' \text{，}$$
$$\Phi' = \omega'\left(\tau - \frac{a'\xi + b'\eta + c'\zeta}{c}\right) \text{，}$$

此處

$$\omega' = \omega\beta\left(1 - a\frac{v}{c}\right) \text{，}$$

$$a' = \frac{a - \dfrac{v}{c}}{1 - a\dfrac{v}{c}} \text{，}$$

$$b' = \frac{b}{\beta\left(1 - a\dfrac{v}{c}\right)} \text{，}$$

$$c' = \frac{c}{\beta\left(1 - a\dfrac{v}{c}\right)}。$$

從關於 ω' 的方程即可得知：如果有一觀察者以速度 v 相對於一個在無限遠處頻率為 ν 的光源運動，並且參照於一個同光源相對靜止

的座標系,「光源—觀察者」連線同觀察者的速度相交成 φ 角,那麼,觀察者所感知的光的頻率 ν' 由下面方程定出:

$$\nu' = \nu \frac{1 - \cos\varphi \frac{v}{c}}{\sqrt{1 - \left(\frac{v}{c}\right)^2}}$$

這就是對於任何速度的都卜勒原理。當 $\varphi = 0$ 時,這方程具有如下的明晰形式:

$$\nu' = \nu \sqrt{\frac{1 - \frac{\nu}{c}}{1 + \frac{\nu}{c}}}$$

我們可看出,當 $\nu = -c$ 時,$\nu' = \infty$,這同通常的理解相矛盾。

如果我們把動系中的波面法線(光線的方向)同「光源—觀察者」連線之間的交角叫作 φ',那麼關於 a' 的方程就取如下形式:

$$\cos\varphi' = \frac{\cos\varphi - \frac{v}{c}}{1 - \frac{v}{c}\cos\varphi}$$

這個方程以最一般的形式表述了光行差定律。如果 $\varphi = \frac{\pi}{2}$,這個方程就取簡單的形式:

$$\cos\varphi' = -\frac{v}{c}$$

我們還應當求出這些波在動系中看來的振幅。如果我們把在靜系中量出的和在動系中量出的電力或磁力的振幅,分別叫作 A 和 A',那麼我們就得到:

$$A'^2 = A^2 \frac{\left(1 - \frac{v}{c}\cos\varphi\right)^2}{1 - \left(\frac{v}{c}\right)^2},$$

如果 $\varphi = 0$,這個方程就簡化成:

$$A'^2 = A^2 \frac{1 - \dfrac{v}{c}}{1 + \dfrac{v}{c}}$$

從這些已求得的方程得知，對於一個以速度 c 向光源接近的觀察者，這光源必定顯得無限強烈。

§8. 光線能量的變換作用在完全反射鏡上的輻射壓力理論

因為 $\dfrac{A^2}{8\pi}$ 等於每單位體積的光能，於是由相對性原理，我們應當把 $\dfrac{A'^2}{8\pi}$ 看作是動系中的光能。因此，如果一個光集合體的體積，在 K 中量的同在 k 中量的是相等的，那麼 $\dfrac{A'^2}{A^2}$ 就該是這一光集合體「在運動中量得的」能量同「在靜止中量得的」能量的比率。但情況並非如此。如果 l, m, n 是靜系中光的波面法線的方向餘弦，那就沒有能量會通過一個以光速在運動著的球面

$$(x - lct)^2 + (y - mct)^2 + (z - nct)^2 = R^2$$

的各個面元素的。我們因此可以說，這個球面永遠包圍著這個光集合體。我們要探究在 k 看來這個球面所包圍的能量，也就是要求出這個光集合體相對於 k 系的能量。

這個球面——在動系看來——是一個橢球面，在 $\tau = 0$ 時，它的方程是：

$$\left(\beta\xi - a\beta\frac{v}{c}\xi\right)^2 + \left(\eta - b\beta\frac{v}{c}\xi\right)^2 + \left(\zeta - c\beta\frac{v}{c}\xi\right)^2 = R^2 \text{。}$$

如果 S 是球的體積，S' 是這個橢球的體積，那麼，通過簡單的計算，就得到：

$$\frac{S'}{S} = \frac{\sqrt{1-\left(\dfrac{v}{c}\right)^2}}{1-\dfrac{v}{c}\cos\varphi}$$

因此，如果我們把在靜系中量得的、為這個曲面所包圍的光能叫作 E，而在動系中量得的叫作 E'，我們就得到：

$$\frac{E'}{E} = \frac{\dfrac{A'^2}{8\pi}S'}{\dfrac{A^2}{8\pi}S} = \frac{1-\dfrac{v}{c}\cos\varphi}{\sqrt{1-\left(\dfrac{v}{c}\right)^2}},$$

當 $\varphi = 0$ 時，這個公式就簡化成：

$$\frac{E'}{E} = \sqrt{\frac{1-\dfrac{v}{c}}{1+\dfrac{v}{c}}}$$

可注意的是，光集合體的能量和頻率都隨著觀察者的運動狀態遵循著同一定律而變化。

現在設座標平面 $\xi = 0$ 是一個完全反射的表面，§ 7 中所考查的平面波在那裏受到反射。我們要求出作用在這反射面上的光壓，以及經反射後的光的方向、頻率和強度。

設入射光由 A，$\cos\varphi$，ν（參照於 K 系）這些量來規定。在 k 看來，其對應量是：

$$A' = A\frac{1-\dfrac{v}{c}\cos\varphi}{\sqrt{1-\left(\dfrac{v}{c}\right)^2}}$$

$$\cos\varphi' = \frac{\cos\varphi - \dfrac{v}{c}}{1-\dfrac{v}{c}\cos\varphi}$$

$$\nu' = \nu\frac{1-\dfrac{v}{c}\cos\varphi}{\sqrt{1-\left(\dfrac{v}{c}\right)^2}}$$

對於反射後的光，當我們從 k 系來看這過程，則得：

$$A'' = A'$$

$$\cos\varphi'' = -\cos\varphi'$$

$$\upsilon'' = \upsilon'$$

最後，通過回轉到靜系 K 的變換，關於反射後的光，我們得到：

$$A''' = A''\frac{1+\frac{v}{c}\cos\varphi''}{\sqrt{1-\left(\frac{v}{c}\right)^2}} = A\frac{1-2\frac{v}{c}\cos\varphi+\left(\frac{v}{c}\right)^2}{1-\left(\frac{v}{c}\right)^2}\ ,$$

$$\cos\varphi''' = \frac{\cos\varphi''+\frac{v}{c}}{1+\frac{v}{c}\cos\varphi''} = -\frac{\left[1+\left(\frac{v}{c}\right)^2\right]\cos\varphi-2\frac{v}{c}}{1-2\frac{v}{c}\cos\varphi+\left(\frac{v}{c}\right)^2}\ ,$$

$$\nu''' = \nu''\frac{1+\frac{v}{c}\cos\varphi''}{\sqrt{1-\left(\frac{v}{c}\right)^2}} = v\frac{1-2\frac{v}{c}\cos\varphi+\left(\frac{v}{c}\right)^2}{1-\left(\frac{v}{c}\right)^2}$$

每單位時間內射到反射鏡上單位面積的（在靜系中量得的）能量顯然是 $\frac{A^2(c\cos\varphi-v)}{8\pi}$，單位時間內離開反射鏡的單位面積的能量是 $\frac{A'''^2(-c\cos\varphi'''+v)}{8\pi}$。由能量原理，這兩式的差就是單位時間內光壓所作的功。如果我們置這功等於乘積 $P\cdot v$，此處 P 是光壓，那麼我們就得到：

$$P = 2\cdot\frac{A^2}{8\pi}\frac{\left(\cos\varphi-\frac{v}{c}\right)^2}{1-\left(\frac{v}{c}\right)^2}\ 。$$

就第一級近似而論，我們得到一個同實驗一致，也同別的理論一致的結果，即

$$P = 2\frac{A^2}{8\pi}\cos^2\varphi$$

關於動體的一切光學問題，都能用這裏所使用的方法來解決。其要點在於，把受到一動體影響的光的電力和磁力，變換到一個同這個

物體相對靜止的座標系上去。通過這種辦法，動體光學的全部問題將歸結爲一系列靜體光學的問題。

§9. 考慮到運流的馬克士威—赫茲方程的變換

我們從下列方程出發：

$$\frac{1}{c}\left\{u_x\rho+\frac{\partial X}{\partial t}\right\}=\frac{\partial N}{\partial y}-\frac{\partial M}{\partial z} \ , \ \frac{1}{c}\ \frac{\partial L}{\partial t}=\frac{\partial Y}{\partial z}-\frac{\partial Z}{\partial y} \ ,$$

$$\frac{1}{c}\left\{u_y\rho+\frac{\partial Y}{\partial t}\right\}=\frac{\partial L}{\partial z}-\frac{\partial N}{\partial x} \ , \ \frac{1}{c}\ \frac{\partial M}{\partial t}=\frac{\partial Z}{\partial x}-\frac{\partial X}{\partial z} \ ,$$

$$\frac{1}{c}\left\{u_z\rho+\frac{\partial Z}{\partial t}\right\}=\frac{\partial M}{\partial x}-\frac{\partial L}{\partial y} \ , \ \frac{1}{c}\ \frac{\partial N}{\partial t}=\frac{\partial X}{\partial y}-\frac{\partial Y}{\partial x} \ ,$$

此處

$$\rho=\frac{\partial X}{\partial x}+\frac{\partial Y}{\partial y}+\frac{\partial Z}{\partial z}$$

表示電的密度的 4π 倍，而（u_x，u_y，u_z）表示電的速度向量。如果我們設想電荷是同小剛體（離子、電子）牢固地結合在一起的，那麼這些方程就是洛倫茲的動體電動力學和光學的電磁學基礎。

設這些方程在 K 系中成立，借助於 §3 和 §6 的變換方程，把它們變換到 k 系上去，我們由此得到方程：

$$\frac{1}{c}\left\{u_\xi\rho'+\frac{\partial X'}{\partial\tau}\right\}=\frac{\partial N'}{\partial\eta}-\frac{\partial M'}{\partial\zeta} \ , \ \frac{1}{c}\ \frac{\partial L'}{\partial\tau}=\frac{\partial Y'}{\partial\zeta}-\frac{\partial Z'}{\partial\eta} \ ,$$

$$\frac{1}{c}\left\{u_\eta\rho'+\frac{\partial Y'}{\partial\tau}\right\}=\frac{\partial L'}{\partial\zeta}-\frac{\partial N'}{\partial\xi} \ , \ \frac{1}{c}\ \frac{\partial M'}{\partial\tau}=\frac{\partial Z'}{\partial\xi}-\frac{\partial X'}{\partial\zeta} \ ,$$

$$\frac{1}{c}\left\{u_\zeta\rho'+\frac{\partial Z'}{\partial\tau}\right\}=\frac{\partial M'}{\partial\xi}-\frac{\partial L'}{\partial\eta} \ , \ \frac{1}{c}\ \frac{\partial N'}{\partial\tau}=\frac{\partial X'}{\partial\eta}-\frac{\partial Y'}{\partial\xi} \ ,$$

此處

$$\frac{u_x-v}{1-\dfrac{u_xv}{c^2}}=u_\xi \ ,$$

$$\frac{u_y}{\beta\left(1-\dfrac{u_xv}{c^2}\right)}=u_\eta \ ,$$

$$\frac{u_z}{\beta\left(1-\dfrac{u_x v}{c^2}\right)}=u_\zeta \text{ ,}$$

$$\rho'=\frac{\partial X'}{\partial \xi}+\frac{\partial Y'}{\partial \eta}+\frac{\partial Z'}{\partial \zeta}=\beta\left(1-\frac{v u_x}{c^2}\right)\rho \text{ 。}$$

因為——由速度的加法定理（§5）得知——向量（u_ξ，u_η，u_ζ）只不過是在 k 系中量得的電荷的速度，所以我們就證明了：根據我們的運動學原理，洛倫茲的動體電動力學理論的電動力學基礎是符合於相對性原理的。

此外，我還可以簡要地說一下，由已經推演得到的方程可以容易地導出下面一條重要的定律：如果一個帶電體在空間中無論怎樣運動，並且從一個同它一道運動著的座標系來看，它的電荷不變，那麼從「靜」系 K 來看，它的電荷也保持不變。

§10.（緩慢加速的）電子的動力學

設有一點狀的具有電荷 δ 的粒子（以後叫「電子」）在電磁場中運動，我們假定它的運動定律如下：

如果這電子在一定時期內是靜止的，在隨後的時刻，只要電子的運動是緩慢的，它的運動就遵循如下方程

$$m\frac{d^2 x}{dt^2}=\varepsilon X \text{ ,}$$

$$m\frac{d^2 y}{dt^2}=\varepsilon Y \text{ ,}$$

$$m\frac{d^2 z}{dt^2}=\varepsilon Z \text{ ,}$$

此處 x、y、z 表示電子的座標，m 表示電子的質量。

現在，第二步，設電子在某一時期的速度是 v，我們來求電子在隨後時刻的運動定律。

我們不妨假定，電子在我們注意觀察它的時候是在座標的原點

上，並且沿著 K 系的 X 軸以速度 v 運動著，這樣的假定並不影響考查的普遍性。那就很明顯，在已定的時刻（$t=0$），電子對於那個以恆定速度 v 沿著 X 軸作平行運動的座標系 k 是靜止的。

從上面所作的假定，結合相對性原理，很明顯的，在隨後緊接的時間（對於很小的 t 值）裏，由 k 系看來，電子是遵照如下方程而運動的：

$$m\frac{d^2\xi}{d\tau^2}=\varepsilon X' \text{，}$$

$$m\frac{d^2\eta}{d\tau^2}=\varepsilon Y' \text{，}$$

$$m\frac{d^2\zeta}{d\tau^2}=\varepsilon Z' \text{，}$$

在這裏，ξ、η、ζ、τ、X'、Y'、Z' 這些符號是參照於 k 系的。如果我們進一步規定，當 $t=x=y=z=0$ 時，$\tau=\xi=\eta=\zeta=0$，那麼 §3 和 §6 的變換方程有效，也就是如下關係有效：

$$\tau=\beta\left(t-\frac{v}{c^2}x\right) \text{，}$$

$$\xi=\beta(x-vt) \text{，} \quad X'=X \text{，}$$

$$\eta=y \text{，} \quad Y'=\beta\left(Y-\frac{v}{c}N\right) \text{，}$$

$$\zeta=z \text{，} \quad Z'=\beta\left(Z+\frac{v}{c}M\right) \text{。}$$

借助於這些方程，我們把前述的運動方程從 k 系變換到 K 系，就得到：

$$(A) \quad \begin{cases} \dfrac{d^2x}{dt^2}=\dfrac{\varepsilon}{m}=\dfrac{1}{\beta^3}X \text{，} \\[2mm] \dfrac{d^2y}{dt^2}=\dfrac{\varepsilon}{m}\dfrac{1}{\beta}\left(Y-\dfrac{v}{c}N\right) \text{，} \\[2mm] \dfrac{d^2z}{dt^2}=\dfrac{\varepsilon}{m}\dfrac{1}{\beta}\left(Z+\dfrac{v}{c}M\right) \text{。} \end{cases}$$

依照通常考慮的方法，我們現在來探究運動電子的「縱」質量和

「橫」質量。我們把方程（A）寫成如下形式

$$m\beta^3\frac{d^2x}{dt^2}=\varepsilon X=\varepsilon X'，$$

$$m\beta^2\frac{d^2y}{dt^2}=\varepsilon\beta\left(Y-\frac{v}{c}N\right)=\varepsilon Y'，$$

$$m\beta^2\frac{d^2z}{dt^2}=\varepsilon\beta\left(Z+\frac{v}{c}M\right)=\varepsilon Z'，$$

首先要注意到，$\varepsilon X'$、$\varepsilon Y'$、$\varepsilon Z'$ 是作用在電子上的有重動力的分量，而且確是從一個當時同電子一道以同樣速度運動著的座標系中來考查的（比如，這個力可用一個靜止在上述的座標系中的彈簧秤來量出）。現在如果我們把這個力直截了當地叫作「作用在電子上的力」，[13] 並且保持這樣的方程

$$\text{質量}\times\text{加速度}=\text{力}，$$

而且，如果我們再規定加速度必須在靜系 K 中進行量度，那麼，由上述方程，我們導出：

$$\text{縱質量}=\frac{\mu}{\left(\sqrt{1-\left(\frac{v}{c}\right)^2}\right)^3}，$$

$$\text{橫質量}=\frac{\mu}{1-\left(\frac{v}{c}\right)^2}。$$

當然，用另一種力和加速度的定義，我們就會得到另外的質量數值。由此可見，在比較電子運動的不同理論時，我們必須非常謹愼。

我們覺得，這些關於質量的結果也適用於有重的質點上，因為一個有重的質點加上一個**任意小**的電荷，就能成為一個（我們所講的）電子。

---

[13] 正如 M・普朗克〔於 1906 —— 中譯者〕所首先指出來的，這裏對力所下的定義並不好。力的比較中肯的定義，應當使動量定律和能量定律具有最簡單的形式。—— 英譯者

我們現在來確定電子的動能。如果一個電子本來靜止在 K 系的座標原點上，在一個靜電力 X 的作用下，沿著 X 軸運動，那麼很清楚，從這靜電場中所取得的能量值為 $\int \varepsilon X dx$。因為這個電子應該是緩慢加速的，所以也就不會以輻射的形式喪失能量，那麼從靜電場中取得的能量必定都被積蓄起來，它等於電子的運動的能量 W。由於我們注意到，在所考查的整個運動過程中，(A) 中的第一個方程是適用的，我們於是得到：

$$W = \int \varepsilon X dx = m \int_0^v \beta^3 v dv = mc^2 \left\{ \frac{1}{\sqrt{1-\left(\frac{v}{c}\right)^2}} - 1 \right\}$$

由此，當 $v=c$，W 就變成無限大。超光速的速度——像我們以前的結果一樣——沒有存在的可能。

根據上述的論據，動能的這個式子也同樣適用於有重物體（ponderable massen）。

我們現在要列舉電子運動的一些性質，它們都是從方程組(A)得出的結果，並且是可以用實驗來驗證的。

1. 從(A)組的第二個方程得知，電力 Y 和磁力 N，對於一個以速度 v 運動著的電子，當 $Y = \frac{N \cdot v}{c}$ 時，它們產生同樣強弱的偏轉作用。由此可見，用我們的理論，從那個對於任何速度的磁偏轉力 A_m 同電偏轉力 A_e 的比率，就可測定電子的速度，這只要用到定律：

$$\frac{A_m}{A_e} = \frac{v}{c} \, 。$$

這個關係可由實驗來驗證，因為電子的速度也是能夠直接量出來的，比如可以用迅速振盪的電場和磁場來量出。

2. 從關於電子動能的推導得知，在所通過的位勢差 P 同電子所得到的速度 v 之間，必定有這樣的關係：

$$P = \int X dx = \frac{m}{\varepsilon} c^2 \left\{ \frac{1}{\sqrt{1-\left(\frac{v}{c}\right)^2}} - 1 \right\}$$

3. 當存在著一個同電子的速度相垂直的磁力 N 時（作為唯一的偏轉力），我們來計算在這磁力作用下的電子路徑的曲率半徑 R。由(A)中的第二個方程，我們得到：

$$-\frac{d^2y}{dt^2}=\frac{v^2}{R}=\frac{\varepsilon}{m}\frac{v}{c}N\sqrt{1-\left(\frac{v}{c}\right)^2} ,$$

或者

$$R=\frac{mc^2}{\varepsilon}\cdot\frac{\dfrac{v}{c}}{\sqrt{1-\left(\dfrac{v}{c}\right)^2}}\cdot\frac{1}{N} 。$$

根據這裏所提出的理論，這三項關係完備地表述了電子運動所必須遵循的定律。

最後，我要聲明，在研究這裏所討論的問題時，我曾得到我的朋友和同事貝索（M. Besso）的熱誠幫助，要感謝他一些有價值的建議。

物體的慣性與它
所含的能量有關嗎[①]

前一研究[②] 的結果導致一個非常有趣的結論，這裏要把它推演出來。

在前一研究中，我所根據的是關於真空的馬克士威－赫茲方程和關於空間電磁能的馬克士威表示式，另外還加上這樣一條原理：

物理體系的狀態據以變化的定律，同描述這些狀態變化時所參照的座標系究竟是用兩個在互相平行勻速移動著的座標系中的哪一個並無關係（相對性原理）。

我在這些基礎[③] 上，除其他一些結果外，還推導出了下面一個結果（參見上述引文 §8）：

設有一組平面光波，參照於座標系 $(x，y，z)$，它具有能量 l；設光線的方向（波面法線）同座標系的 x 軸相交成 φ 角。如果我們引進一個對座標系 $(x，y，z)$ 做勻速平行移動的新座標系 $(\xi，\eta，\zeta)$，它的座標原點以速度 v 沿 x 軸運動，那麼這道光線——在 $(\xi，\eta，\zeta)$ 系中量出——具有能量：

---

① 這篇論文寫於 1905 年 9 月，發表在 1905 年出版的德國《物理年報》(*Annalen der Physik*)，第 4 編，第 18 卷，第 639-641 頁。——中譯者
② 指前面的那篇論文《論動體的電動力學》。——中譯者
③ 那裏所用到的光速不變原理當然包括在馬克士威方程裏面了。——英譯者

$$l^* = l\,\frac{1 - \dfrac{v}{c}\cos\varphi}{\sqrt{1 - \left(\dfrac{v}{c}\right)^2}}\,,$$

此處 c 表示光速。以後我們要用到這個結果。

設在座標系（x，y，z）中有一個靜止的物體，它的能量——參照於（x，y，z）系——是 E_0。設這個物體的能量相對於一個像上述那樣以速度 v 運動著的（ξ，η，ζ）系，則是 H_0。

設該物體發出一列平面光波，其方向同 x 軸成 φ 角，能量為 $\dfrac{L}{2}$〔相對於（x，y，z）量出〕，同時在相反方向也發出等量的光線。在這時間內，該物體對（x，y，z）系保持靜止。能量原理必定適用於這一過程，而且（根據相對性原理）對於兩個座標系都是適用的。如果我們把這個物體在發光後的能量，對於（x，y，z）系和對於（ξ，η，ζ）系量出的值，分別叫作 E_1 和 H_1，那麼利用上面所給的關係，我們就得到：

$$E_0 = E_1 + \left[\frac{L}{2} + \frac{L}{2}\right],$$

$$H_0 = H_1 + \left[\frac{L}{2}\frac{1 - \dfrac{v}{c}\cos\varphi}{\sqrt{1 - \left(\dfrac{v}{c}\right)^2}} + \frac{L}{2}\frac{1 + \dfrac{v}{c}\cos\varphi}{\sqrt{1 - \left(\dfrac{v}{c}\right)^2}}\right]$$

$$= H_1 + \frac{L}{\sqrt{1 - \left(\dfrac{v}{c}\right)^2}}$$

把這兩方程相減，我們得到：

$$(H_0 - E_0) - (H_1 - E_1) = L\left[\frac{1}{\sqrt{1 - \left(\dfrac{v}{c}\right)^2}} - 1\right]\,。$$

在這個表示式中，以 $H - E$ 這樣形式出現的兩個差，具有簡單的物理意義。H 和 E 是這同一物體參照於兩個彼此相對運動著的座標系的能量，而且這物體在其中一個座標系〔（x，y，z）系〕中是靜止的。

所以很明顯，對於另一座標系〔(ξ, η, ζ) 系〕來說，$H-E$ 這個差所不同於這物體的動能 K 的，只在於一個附加常數 C，而這個常數取決於對能量 H 和 E 的任意附加常數的選擇。由此我們可以置：

$$H_0 - E_0 = K_0 + C，$$
$$H_1 - E_1 = K_1 + C，$$

因為 C 在光發射時是不變的，所以我們得到：

$$K_0 - K_1 = L\left[\frac{1}{\sqrt{1-\left(\frac{v}{c}\right)^2}} - 1\right]。$$

對於 (ξ, η, ζ) 來說，這個物體的動能由於光的發射而減少了，並且所減少的量同物體的性質無關。此外，$K_0 - K_1$ 這個差，像電子的動能（參看上述引文 § 10）一樣，是同速度有關的。

略去第四級和更高級的（小）量，我們可以置

$$K_0 - K_1 = \frac{L}{c^2}\frac{v^2}{2}。$$

從這個方程可以直接得知：

如果有一物體以輻射形式放出能量 L，那麼它的質量就要減少 $\frac{L}{c^2}$。至於物體所失去的能量是否恰好變成輻射能，在這裏顯然是無關緊要的，於是我們被引到了這樣一個更加普遍的結論上來：

物體的質量是它所含能量的量度；如果能量改變了 L，那麼質量也就相應地改變 $\frac{L}{9 \cdot 10^{20}}$，此處能量是用爾格來計量，質量是用克來計量。

用那些所含能量是高度可變的物體（比如用鐳鹽）來驗證這個理論，不是不可能成功的。

如果這一理論同事實符合，那麼在發射體和吸收體之間，輻射在傳遞著慣性。

關於引力對光傳播的影響[①]

　　在四年以前發表的一篇論文[②]中，我曾經試圖回答這樣一個問題：引力是不是會影響光的傳播？我所以要再回到這個論題，不僅是因為以前關於這個題目的講法不能使我滿意，更是因為我現在進一步看到了我以前的論述中最重要的結果之一可以在實驗上加以檢驗。根據這裏要加以推演的理論可以得出這樣的結論：經過太陽附近的光線，要經歷太陽引力場引起的偏轉，使得太陽與出現在太陽附近的恆星之間的角距離表觀上要增加將近弧度一秒。

　　在這些思考的過程中，還產生了一些有關引力的進一步的結果。但是由於對整個思索的說明是相當難以理解的，因此下面就只提出幾個十分初步的思考，讀者由此能夠容易地瞭解這個理論的前提以及它的思路。這裏推導得出的關係，即使理論基礎是正確的，也只是對於第一級近似才有效。

[①] 譯自 *"Uber den Einfluss der Schwerkraft auf die Ausbreitung des Lichtes,"*《物理年報》（*Annalen der Physik*），1911 年，第 35 卷。——英譯者

[②] A. Einstein，《放射學和電子學年鑒》（*Jahrbuch für Radioakt. und Elekronik*），1907 年，第 4 卷，第 411-462 頁。——英譯者

相對論原理

§1. 關於引力場的物理本性的假設

在一均勻重力場（重力加速度γ）中，設有一靜座標系 K，它所取的方向使重力場的力線是向著 z 軸的負方向。在一個沒有引力場的空間裏，設有第二個座標系 K'，在它的 z 軸的正方向上以均勻加速度（加速度γ）運動著。爲了考慮問題時避免不必要的複雜化，我們暫且在這裏不考慮相對論，而從習慣的運動學的觀點來考慮這兩個座標系，並且從通常的力學的觀點來考慮出現在這兩個座標系中的運動。

相對於 K，以及相對於 K'，不受別的質點作用的質點是按照方程

$$\frac{d^2x}{dt^2}=0 , \frac{d^2y}{dt^2}=0 , \frac{d^2z}{dt^2}=-\gamma$$

運動的。對於加速座標系 K'，這可以從伽利略原理直接得出；但是對於在均勻引力場中靜止的座標系 K，可以從這樣的經驗中得出，這經驗就是，在這種場中的一切物體都受到同等強度並且均勻的加速。重力場中一切物體都同樣地降落，這一經驗是我們對自然觀察所得到的一個最普遍的經驗；儘管如此，這條定律在我們的物理學世界圖像的基礎中卻不佔有任何地位。

但是，對於這條經驗定律，我們得到了一種很可令人滿意的解釋，只要我們假定 K 和 K' 兩個座標系在物理學上是完全等效的，那就是說，只要我們假定：我們同樣可以認爲座標系 K 是在沒有引力場的空間裏，但爲此我們必須在這時認爲 K 是在均勻加速才行。這種想法使得我們不可能說什麼參考座標系的**絕對加速度**，正像通常的相對論不允許我們談論一個參考座標系的**絕對速度**一樣。③ 這種想法使得重力

③ 自然，我們不可能用沒有引力場的座標系的運動狀態來代替一個任意的重力場，同樣也不可能用相對性變換把一個任意運動著的媒質上的一切點都變換成靜止的點。——英譯者

場中一切物體的同樣的降落成爲不言自明的。

　　只要我們限於僅討論牛頓力學適用範圍內的純力學過程，我們就確信座標系 K 和 K' 的等效性。但是，除非座標系 K 和 K' 對於一切物理過程都是等效的，也就是說，除非相對於 K 的自然規律同相對於 K' 的自然規律都是完全一致的，否則我們的這個想法就沒有更深的意義。當我們假定了這一點，我們就得到了這樣一條原理，如果它真是真實的，它就具有很大的啓發意義。因爲從理論上來考查那些相對於一個均勻加速的座標系而發生的過程，我們就獲得了關於均勻引力場中各種過程的全部歷程的信息。下面首先要加以指明的是，從通常的相對論的觀點來看，我們這個假說具有多大程度值得考慮的可行性。

§2. 關於能量的重力

　　相對論得到這樣一個結果：物體的慣性質量隨著它所含的能量的增加而增加；如果能量增加了 E，那麼慣性質量的增加就等於 $\dfrac{E}{c^2}$，此處 c 表示光速。現在對應於這個慣性質量的增加會不會也有引力質量的增加呢？要是沒有，那麼一個物體在同一個引力場中，就會按照它所含能量的多少而以不同的加速度降落。相對論的那個把質量守恆定律合併到能量守恆定律的多麼令人滿意的結果就會保持不住了；因爲如果是這樣，我們就不得不放棄以**慣性**質量舊形式來表示的質量守恆定律，而對於引力質量卻還是能保持住。

　　但是必須認爲這是非常靠不住的。另一方面，通常的相對論並沒有給我們提供任何論據，可推論出物體的重量對於它所含能量的依存關係。但是我們將證明，我們關於座標系 K 和 K' 等效的假說給出了能量的重力作爲必然的結果。

　　設有兩個備有量度儀器的物質體系 S_1

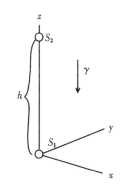

和 S_2，位於 K 的 z 軸上，彼此相隔距離 h，④ 使得 S_2 中的引力勢比 S_1 中的引力勢大 $\gamma \cdot h$。有一定的能量 E 以輻射的形式從 S_2 發射到 S_1。這時用某些裝置來量度 S_1 和 S_2 中的能量，這些裝置——帶到座標系 z 的**一個**地方，並在那裏進行相互比較——都是完全一樣的。關於這個通過輻射來輸送能量的過程，我們不能先驗地加以論斷，因為我們不知道重力場對於輻射以及 S_1 和 S_2 中的量度儀器的影響。

但是，根據我們關於 K 和 K' 等效性的假定，我們能夠把均勻重力場中的座標系 K 代之以一個沒有重力的、在正的 z 方向上均勻加速運動的座標系 K'，而兩個物質體系 S_1 和 S_2 是同它的 z 軸堅固地連接在一起的。

我們從一個沒有加速度的座標系 K_0 出發，來判斷由 S_2 輻射到 S_1 的能量轉移過程。當輻射能 E_2 從 S_2 射向 S_1 的瞬間，設 K' 相對於 K_0 的速度是零。當時間過去了 $\frac{h}{c}$（取第一級近似值），這輻射會到達 S_1。但是在這一瞬間，S_1 相對於 K_0 的速度是 $\gamma \cdot \frac{h}{c} = v$。因此，按照通常的相對論，到達 S_1 的輻射所具有的能量不是 E_2，而是一個比較大的能量 E_1，它同 E_2 在第一級近似上以如下的方程發生關係：⑤

$$(1) \qquad E_1 = E_2 \left(1 + \frac{v}{c}\right) = E_2 \left(1 + \frac{\gamma h}{c^2}\right) 。$$

根據我們的假定，如果同樣的過程發生在沒有加速度，但具有引力場的座標系 K 中，那麼同樣的關係也完全有效。在這種情況下，我們可以用 S_2 中的引力向量的勢 Φ 來代替 γh，只要置 S_1 中的 Φ 的任意常數等於零就行了。我們因而得到方程

$$(1a) \qquad E_1 = E_2 + \frac{E_2}{c^2} \Phi ,$$

這個方程表示關於所考查過程的能量定律。到達 S_1 的能量 E_1，大於用

④ S_1 和 S_2 的大小同 h 相比較，可以看作是無限小的。——英譯者
⑤ 見前注。——英譯者

同樣方法量得的在 S_2 中輻射出去的能量，而這個多出來的能量就是質量 $\dfrac{E_2}{c^2}$ 在重力場中的勢能。這就證明了，為了使能量原理得以成立，我們必須把由一個相當於（重力）質量 $\dfrac{E}{c^2}$ 的重力〔而產生〕的勢能歸屬於在 S_2 發射以前的能量 E。我們關於 K 和 K' 等效的假定因而就消除了本節開頭所說的那種困難，而這困難是通常的相對論所遺留下來的。

如果我們考查一下如下的循環過程，這個結果的意義就顯得特別清楚：

1. 把能量 E （在 S_2 中量出）以輻射形式從 S_2 發射到 S_1，按照剛才得到的結果，S_1 就吸收了能量 $E\left(1+\dfrac{\gamma h}{c^2}\right)$（在 S_1 中量出）。

2. 把一個具有質量 M 的物體 W 從 S_2 下降到 S_1，在這一過程中向外給出了功 $M\gamma h$。

3. 當物體 W 在 S_1 時，把能量 E 從 S_1 輸送到 W。因此改變了重力質量 M，使它獲得 M' 值。

4. 把 W 再提升到 S_2，在這一過程中應當花費功 $M'\gamma h$。

5. 把 E 從 W 輸送回 S_2。

這個循環過程的效果只在於 S_1 經受了能量增加 $E\left(\dfrac{\gamma h}{c^2}\right)$，而能量

$$M'\gamma h - M\gamma h，$$

以機械功的形式輸送給這個體系。根據能量原理，因此必定是

$$E\frac{\gamma h}{c^2} = M'\gamma h - M\gamma h，$$

或者

(1b) $$M' - M = \frac{E}{c^2}。$$

於是**重力**質量的增加量等於 $\dfrac{E}{c^2}$，因而又等於由相對論所給的**慣性**質量的增加量。

這個結果還可以更加直接地從座標系 K 和 K' 的等效性得出來；

根據這種等效性，對於 K 的**重力**質量完全等於對於 K' 的**慣性**質量；因此能量必定具有**重力**質量，其數值等於它的**慣性**質量。如果在座標系 K' 中有一質量 M_0 掛在一個彈簧測力計上，由於 M_0 的慣性，彈簧測力計會指示出表觀重量 $M_0\gamma$。我們把能量 E 輸送到 M_0，根據能量的慣性定律，彈簧測力計會指示出 $(M_0+\dfrac{E}{c^2})\gamma$。按照我們的基本假定，當這個實驗在座標系 K 中重作，也就是說在引力場中重作時，必定出現完全同樣的情況。

§3. 重力場中的時間和光速

如果在均勻加速的座標系 K' 中從 S_2 射向 S_1 的輻射，就 S_2 中的鐘來說，它具有頻率 ν_2，那麼在它到達 S_1 時，就放在 S_1 中一隻性能完全一樣的鐘來說，它相對於 S_1 所具有的頻率就不再是 ν_2，而是一個較大的頻率 ν_1，其第一級近似值是

$$(2) \qquad \nu_1 = \nu_2\left(1+\frac{\gamma h}{c^2}\right)。$$

因為如果我們再引進無加速度的參考座標系 K_0，相對於它，在光發射時，K' 沒有速度，那麼在輻射到達 S_1 時，S_1 相對於 K_0 具有速度 $\gamma\left(\dfrac{h}{c}\right)$，由此，根據都卜勒原理，就直接得出上述關係。

按照我們關於座標系 K' 和 K 等效的假定，這個方程對於具有均勻重力場的靜止座標系 K 也該有效，只要在這個座標系中有上述輻射輸送發生。由此可知，一條在 S_2 中在一定的重力勢下發射的光線，在它發射時——對照 S_2 中的鐘——具有頻率 ν_2，而在它到達 S_1 時，如果用一隻放在 S_1 中的性能完全相同的鐘來度量，就具有不同的頻率 ν_1。如果我們用 S_2 的重力勢 $\varPhi$——它以 S_1 作為零點——來代替 γh，並且假定我們對於**均勻**引力場所推導出來的關係也適用於別種形式的場，那麼就得到

$$(2a) \qquad \nu_1 = \nu_2\left(1+\frac{\varPhi}{c^2}\right)。$$

這個（根據我們的推導在第一級近似有效的）結果首先允許作下面的
應用。設 ν_0 是用一隻精確的鐘在同一地點所量得的一個基元光發生器
的振動數，於是這個振動數同光發生器以及鐘安放在什麼地方都是沒
有關係的。我們可以設想這兩者都是在太陽表面的某一個地方（我們
的 S_2 就在那裏）。從那裏發射出去的光有一部分到達地球（S_1），在地
球上我們用一隻同剛才所說的那隻鐘性能完全一樣的鐘 U 來量度到
達的光線的頻率。因此，根據(2a)，

$$\nu = \nu_0\left(1 + \frac{\varPhi}{c^2}\right),$$

此處 $\varPhi$ 是太陽表面同地球之間的（負的）引力勢差。於是，按照我們
的觀點，日光譜線同地球上光源的對應譜線相比較，必定稍微向紅端
移動，而且事實上移動的相對總量是

$$\frac{\nu_0 - \nu}{\nu_0} = -\frac{\varPhi}{c^2} = 2 \cdot 10^{-6}。$$

要是產生日光譜線的條件是完全已知的，這個移動也就可以量得出
來。但是由於有別的作用（壓力、溫度）影響這些譜線重心的位置，
那就難以發現這裏所推斷的引力勢的影響實際上究竟是否存在。[6]

　　在膚淺的考查下，方程(2)或者(2a)，似乎表述了一種謬誤。在從
S_2 到 S_1 有恆定的光傳送的情況，除了 S_2 中所發射的以外，怎麼可能
還有別的每秒週期數到達 S_1 呢？但答案是簡單的。我們不能把 ν_2 或
ν_1 簡單地看作是頻率（作為每秒週期數），因為我們還沒有確定座標系
K 中的時間。ν_2 所表示的是參照於 S_2 中的鐘 U 的時間單位的週期
數，而 ν_1 卻表示參照於 S_1 中同樣性能的鐘的單位時間週期數。沒有理
由可迫使我們假定在不同引力勢中的兩隻鐘 U 必須認為是以同一

[6] L. F. Jewell〔法國《物理學期刊》（*Jorun. de Phys.*），1897 年，第 6 卷，第 84 頁〕，
　　尤其是 Ch. Fabry 和 H. Boisson〔法國科學院《報告》（*Comptes. rendus.*），1909 年，
　　第 148 卷，688-690 頁〕，實際上已經以這裏所計算的數量級發現精細譜線向光譜紅端
　　的這種位移，但是他們把這些位移歸因於吸收層的壓力的影響。──英譯者

速率運行的。相反，我們倒不得不這樣來定義 K 中的時間：處在 S_2 同 S_1 之間的波峰和波谷的數目同時間的絕對值無關；因為所觀察的這個過程按其本性是一種穩定的過程。要是我們不滿足於這個條件，我們所得到的時間定義在應用時，就會使時間明顯地進入自然規律之中，這當然是不自然的，也是不適當的。因此，S_1 和 S_2 中兩隻鐘並不是都正確地給出「時間」。如果我們用鐘 U 來量 S_1 中的時間，**那麼我們就必須用這樣的一隻鐘來量 S_2 中的時間，這隻鐘如果在同一個地方同鐘 U 作比較時，它就要比 U 慢 $1+\dfrac{\Phi}{c^2}$ 倍**。因為，用一隻這樣的鐘來量，上述光線當它在 S_2 中發射時的頻率是

$$\nu_2\left(1+\frac{\Phi}{c^2}\right),$$

從而根據 (2a)，它也就等於這道光線到達 S_1 時的頻率 ν_1。

由此得到一個對我們的理論有根本性重要意義的結果。因為，如果我們用一些性能完全一樣的鐘 U，在沒有引力的、加速座標系 K' 中的不同地方來量光速，我們就會在處處得到同一數值。根據我們的基本假定，這對於座標系 K 也該同樣有效。但是從剛才所說的，我們在一些具有不同引力勢的地方量度時間時，就必須使用性能不同的鐘。因為要在一個相對於座標原點具有引力勢 Φ 的地方量時間，我們必須使用的鐘——當它移到座標原點時——要比在座標原點上量時間所用的那隻鐘慢 $\left(1+\dfrac{\Phi}{c^2}\right)$ 倍。如果我們把座標原點上的光速叫做 c_0，那麼在一個具有引力勢 Φ 的地方的光速 c 就由關係

(3) $$c=c_0\left(1+\frac{\Phi}{c^2}\right)$$

得出。光速不變原理仍然適用於這個理論，但是它已不像平常那樣作為通常的相對論的基礎來理解了。

§4. 光線在引力場中的彎曲

由剛才證明的「在引力場中的光速是位置的函數」這個命題，可

以用惠更斯原理容易地推論出：光線傳播經過引力場時必定要受到偏

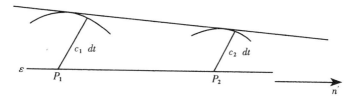

轉。設 ε 是一平面光波在時間 t 時的波前，P_1 和 P_2 是那個平面上的兩個點，彼此相隔一個單位的距離。P_1 和 P_2 是在這張紙的平面上，並且這樣來選擇它，使得在這平面的法線方向上所取的 Φ 的微商等於零，因而 c 的微商也等於零。當我們分別用以 P_1 和 P_2 兩點為中心，$c_1 dt$ 和 $c_2 dt$ 為半徑作出圓（此處 c_1 和 c_2 分別表示 P_1 和 P_2 點上的光速），再作出這些圓的切線，我們就得到在時間 $t + dt$ 的對應的波前，或者波前同這張紙平面的交線。這道光線在路程 cdt 中的偏轉角因而是

$$(c_1 - c_2)dt = -\frac{\partial c}{\partial n'} dt，$$

如果光線是彎向 n' 增加的那一邊，我們就把偏轉角算作是正的。每單位光線路程的偏轉角因而是

$$-\frac{1}{c} \frac{\partial c}{\partial n'}，$$

或者根據(3)，等於

$$-\frac{1}{c^2} \int \frac{\partial \Phi}{\partial n'}。$$

最後，我們得到光線在任何路線(s)上所經受的向著 n' 這一邊的偏轉α的表示式

(4) $$\alpha = -\frac{1}{c^2} \frac{\partial \Phi}{\partial n'} ds。$$

通過直接考慮光線在均勻加速座標系 K' 中的傳播，並且把這結果轉移到座標系 K 中，由此又轉移到任何形式的引力場的情況中，我們也

可以得到同樣的結果。

根據方程(4)，光線經過天體附近要受到偏轉，偏轉的方向是向著引力勢減小的那一邊，因而是向著天體的那一邊，偏轉的大小是

$$a = \frac{1}{c^2} \int_{\theta=-\frac{\pi}{2}}^{\theta=+\frac{\pi}{2}} \frac{kM}{r^2} \cos\theta \cdot ds = \frac{2kM}{c^2\Delta},$$

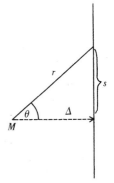

此處 k 表示引力常數，M 表示天體的質量，Δ 表示光線同天體中心的距離。**光線經過太陽附近因此要受到 $4 \times 10^{-6} = 0.83$ 弧度秒的偏轉**。星球同太陽中心的角距離由於光線的偏轉，顯得增加了這樣一個數量。由於在日全食時可以看到太陽附近天空的恆星，理論的這一結果就可以同經驗進行比較。對於木星，所期望的位移大約達到上述數值的 $\frac{1}{100}$。迫切希望天文學家接受這裏所提出的問題，即使上述考查看起來似乎是根據不足或者完全是冒險從事。除了各種理論（問題）以外，人們還必然會問：究竟有沒有可能用目前的裝置來檢驗引力場對光傳播的影響？

廣義相對論的基礎[①]

A. 對相對性公設的原則性考查

§1. 對狹義相對論的評述

狹義相對論是以下面的公設為基礎的（而伽利略—牛頓的力學也滿足這個公設）：如果這樣來選取一個座標系 K，使物理定律參照於這個座標系得以最簡單的形式成立，那麼對於任何另一個相對於 K 作勻速平移運動的座標系 K'，這些定律也同樣成立。這條公設我們叫它「狹義相對性原理」。「狹義」（speziell）這個詞表示這條原理限制在 K' 對 K 作勻速平移運動的情況，但 K' 同 K 的等效性並沒有擴充到 K' 對 K 作非勻速運動的情況。

因此，狹義相對論同古典力學的分歧，不是由於相對性原理，而

①這是關於廣義相對論的第一篇完整的論文，譯自"*Die Grundlage der allgemeinen Relativitätstheorie*,"《物理年報》（*Annalen der Physik*），1916 年，第 4 編，第 49 卷，第 769-822 頁。——英譯者

只是由於**真空**中光速不變的公設，由這公設，結合狹義相對性原理，以大家都知道的方法，得出了同時性的相對性，洛倫茲變換，以及同它們有關的關於運動的剛體和時鐘性狀的定律。

狹義相對論使空間和時間的理論所受的修改確實是深刻的，但在**一個**重要之點卻保持原封未動。即使依照狹義相對論，幾何定律也都被直接解釋爲關於（靜止）固體可能的相對位置的定律；而且，更一般地把運動學定律解釋成爲描述量具和時鐘之間關係的定律。對於一個靜止（剛）體上兩個選定的質點，總對應著一個長度完全確定的距離，這距離同剛體所在的地點和它的取向都無關，而且也同時間無關。對於一隻與（特許的）參考座標系相對靜止的時鐘上兩個選定的指標位置，總對應著一個具有一定長度的時間間隔，這個間隔同地點和時間無關。我們馬上就要指出，廣義相對論就不能再固執堅持這種關於空間和時間的簡單的物理解釋了。

§2. 擴充相對性公設的緣由

在古典力學裏，同樣也在狹義相對論裏，有一個固有的認識論上的缺點，這個缺點恐怕是由 E·馬赫最先清楚地指出來的。我們用下面的例子來闡明它：兩個同樣大小和同樣性質的流質物體在空間自由地飄蕩著，它們相互之間（以及同一切別的物體）的距離都是如此之大，以至於只要考慮各個物體自身各部分相互作用的那些引力就行了。設這兩個物體之間的距離不變，各個物體自身的各部分彼此不發生相對運動。但當這兩個物體中的任何一個——從對另一物體相對靜止的觀察者來判斷——以恆定的角速度繞著兩者的連線在轉動（這是一種可以驗證的兩個物體的相對運動）時，再讓我們設想，借助於一些（相對靜止的）量桿來測定這兩個物體（S_1 和 S_2）的表面；結果是 S_1 的表面是球面，而 S_2 的表面是回轉橢球面。

現在我們要問：爲什麼這兩個物體 S_1 和 S_2 的形狀有這樣的差別呢？對於這個問題的答案所根據的事實只有它是**可觀察的經驗事實**

時，才能在認識論上被認為是令人滿意的答案；② 因為，只有當**可觀察到的事實**最終表現為原因和結果時，因果律才具有一個關於經驗世界的陳述意義。

牛頓力學在這問題上沒有給出令人滿意的答案。它的說法如下：對於物體 S_1 對之是靜止的那個空間 R_1，力學定律是適用的；但對於物體 S_2 是靜止的空間 R_2，力學定律則不適用。但這樣引進（對它作相對運動的）特許的伽利略空間 R_1，不過是一種**純虛構**的原因，而不是可被觀察的事實。因此顯然，在所考查的情況下，牛頓力學實際上並不滿足因果性的要求，而只是表面上滿足而已，因為它用純虛構的原因 R_1 來說明 S_1 和 S_2 兩物體的可觀察到的不同性狀。

對上述問題的一個令人滿意的答案只能這樣說：由 S_1 和 S_2 所組成的物理體系，僅僅由它本身顯示不出任何可想像的原因，能說明 S_1 和 S_2 的這種不同性狀。所以這原因必定是在這個體系的**外面**。我們得到這樣一種理解，即認為那個特別決定著 S_1 和 S_2 形狀的普遍的運動定律必定是這樣的：S_1 和 S_2 的力學性狀在十分主要的方面必定是由遠處的物體共同決定的，而我們沒有把這些物體估計在所考查的這個體系裏。這些遠處的物體（以及它們對所考查物體的相對運動），就被看成是我們所考查的這兩個物體 S_1 和 S_2 有不同性狀的原因所在，並且原則上是可被觀察的；它們承擔著那個虛構的原因 R_1 的作用。如果要不使上述認識論的指摘再復活起來，一切可想像的、彼此相對作任何一類運動的空間 R_1, R_2 等之中，就沒有一個可以先驗地被看成是特許的。**物理學的定律必須具有這樣的性質，它們對於以無論哪種方式運動著的參考座標系都是成立的**。循著這條道路，我們就到達了相對性公設的擴充。

除了這個有分量的認識論的論證外，還有一個為擴充相對論辯護

---

② 這種在認識論上令人滿意的答案，如果它同別的經驗有矛盾，當然在物理上還是靠不住的。——英譯者

的著名的物理事實。設 K 是一個伽利略參考座標系，那是這樣的一種參考座標系，相對於它（至少在所考查的四維區域內），有一個與別的物體離得足夠遠的物體在作直線的匀速運動。設 K' 是第二個座標系，它相對於 K 作**均匀加速**的平移運動。因此，一個離別的物體足夠遠的物體，相對於 K' 該有一加速運動，而其加速度及其加速度的方向都同這一物體的物質組成和物理狀態無關。

一位對 K' 相對靜止的觀察者能否由此得出結論，說他是在一個「真正的」加速參考座標系之中呢？回答是否定的；因為相對於 K' 自由運動的物體的上述性狀可以用下面的方式作同樣恰當的解釋。參考座標系 K' 不是加速的；可是在所討論的時間—空間領域裏有一個引力場在支配著，它使物體得到了相對於 K' 的加速運動。

這種觀點所以成為可能，是因為經驗告訴我們，存在一種力場（即引力場），它具有給一切物體以同樣的加速度那樣一種值得注意的性質。③ 物體相對於 K' 的力學性狀，同在那些被我們習慣上當作「靜止的」或者當作「特許的」參考座標系中所經驗到的物體的力學性狀，都是一樣的；因此，從物理學的立場看來，就很容易承認，K 和 K' 這兩參考座標系都有同樣的權利可被看作是「靜止的」，也就是說，作為對現象的物理描述的參考座標系，它們都有同等的權利。

根據這些考慮就會看到，廣義相對論的建立，同時必定會導致一種引力論，因為我們只要僅僅改變座標系就能「產生」一種引力場。我們也就立即可知，**真空**中光速不變原理必須加以修改。因為我們不難看出，如果參照 K，光是以一定的不變速度沿著直線傳播的，那麼參照於 K'，光線的路程一般必定是曲線。

③厄缶（Eötvös）實驗證明，引力場非常精確地具有這一性質。——英譯者

§3.空間—時間連續區表示自然界普遍規律的方程所要求的廣義協變性

在古典力學裏，同樣在狹義相對論裏，空間和時間的座標都有直接的物理意義。一個點事件的 X_1 座標為 x_1，它的意思是說：當我們在（正的）X_1 軸上把一根選定的桿（單位量桿）從座標原點起挪動 x_1 次，就得到用剛性桿按歐幾里得幾何規則所定的這一點事件在 X_1 軸上的投影。一個點事件的 X_4 座標為 $x_4 = t$，它的意思是說：用一隻按一定規則校準過的單位鐘，它對於座標系是相對靜止地放著的，並且在空間中（實際上）同這點事件相重合的，④ 當這事件發生時，單位鐘經歷了 $x_4 = t$ 個週期。

空間和時間的這種理解總是浮現在物理學家的心裏，儘管他們大多數並沒意識到這一點，這可以從這兩個概念在量度的物理學中所起的作用清楚地看到；讀者必須以這種理解作為前一節的第二種考慮的基礎，他才能把那裏得出的東西給予一種意義。但是我們現在要指出：如果狹義相對論切合於那種不存在引力場的極限情況，那麼，為了使廣義相對性公設能夠貫徹到底，我們就必須把這種觀念丟在一旁，而代之以一種更加廣泛的觀念。

在一個沒有引力場的空間裏，我們引進一個伽利略參考座標系 $K(x, y, z, t)$，此外又引進一個對 K 作相對均勻轉動的座標系 $K'(x', y', z', t')$。設這兩個〔參照〕系的原點以及它們的 Z 軸都永遠重合在一起。我們將要證明，對於 K' 系中的空間—時間量度，關於長度和時間的物理意義的上述定義不能維持。由於對稱的緣故，在 K 的 X—Y 平面上一個繞著原點的圓，顯然也可以同時被認為是 K' 的

④ 我們假定對於空間裏貼近的，或者——比較嚴格地說——對於空間—時間裏貼近的或者相重合的事件，可能驗證「同時性」，而用不著給這個基本概念下定義。——英譯者

$X' - Y'$ 平面上的圓。現在我們設想，這個圓的周長和直徑，用一個（比起半徑來是無限小的）單位量桿來量度，並且作這兩個量度結果的商。倘若我們是用一根相對靜止於伽利略座標系 K 的量桿來作這個實驗的，那麼我們得到的這個商的值該是 π。如果用一根同 K' 相對靜止的量桿來量，這商就要大於 π。這是不難理解的，只要我們是由「靜」系 K 來判斷整個量度過程，並且考慮到量度圓周時，量桿要受到洛倫茲收縮，而量度半徑時則不會。因此，歐幾里得幾何不適用於 K'；前面所定義的座標觀念，它以歐幾里得幾何的有效性作為前提，所以對於 K' 系說來，它就失效了。我們同樣很少可能在 K' 中引進一種用一些同 K' 相對靜止的而性能一樣的鐘來表示的合乎物理要求的時間。為了理解這一點，我們設想在座標原點和圓周上各放一隻性能一樣的鐘，並且從「靜」系 K 來觀察。根據狹義相對論的一個已知的結果，在圓周上的鐘——從 K 來判斷——要比原點上的鐘走得慢些，因為前一隻鐘在運動，而後一隻鐘則不動。一個處在公共座標原點上的觀測者，如果他又能夠用光來觀察圓周上的鐘，他就會看出那只在圓周上的鐘比他身邊的鐘要走得慢。由於他不會下決心讓沿著所考查的這條路線上的光速明顯地同時間有關，於是他將把他所觀察到的結果解釋成為在圓周上的鐘「真是」比原點上的鐘走得慢些。因此他不得不這樣來定義時間：鐘走得快慢取決於它所在的地點。

我們因此得到這樣的結果：在廣義相對論裏，空間和時間的量不能這樣來定義，即以為空間的座標差能用單位量桿直接量出，時間的座標差能用標準鐘量出。

迄今所用的，以確定的方式把座標安置在空間—時間連續區裏的方法，由此失效了，而且似乎沒有別的辦法可讓我們把座標來這樣適應於四維世界，使得我們可以通過它們的應用而期望得到一個關於自然規律的特別簡明的表述。所以，對於自然界的描述，除了把一切可想像的座標系都看作在原則上是具有同樣資格的，此外就別無出路了。這就要求：

普遍的自然規律是由那些對一切座標系都有效的方程來表示的，

也就是說，它們對於無論哪種代換都是協變的（廣義協變）。

顯然，凡是滿足這條公設的物理學，也會適合於廣義相對性公設的。因為在**全部**代換中總也包括了那樣一些代換，這些代換同（三維）座標系中一切相對運動相對應。從下面的考慮可以看出，去掉空間和時間最後一點物理客觀性殘餘的這個廣義協變性的要求，是一種自然的要求。我們對於空間—時間的一切確定，總是歸結到對空間—時間上的重合所作的測定。比如，要是只存在由質點運動組成的事件，那麼，除了兩個或者更多個這些質點的會合外，就根本沒有什麼東西可觀察的了。而且，我們的量度結果無非是確定我們量桿上的質點同別的質點的這種會合，確定時鐘的指標、鐘面標度盤上的點，以及所觀察到的在同一地點和同一時間發生的點事件三者的重合。

參考座標系的引進，只不過是用來便於描述這種重合的全體。我們以這樣的方式給世界配上四個空間—時間變數 x_1、x_2、x_3、x_4，使得每一個點事件都有一組變數 $x_1 \cdots x_4$ 的值同它對應。兩個相重合的事件則對應同一組變數 $x_1 \cdots x_4$ 的值；也就是說，重合是由座標的一致來表徵的。如果我們引進變數 $x_1 \cdots x_4$ 的函數 x'_1、x'_2、x'_3、x'_4 作為新的座標系來代替這些變數，使這兩組數值一一對應起來，那麼，在新座標系中所有四個座標的相等也都表示兩個點事件在空間—時間上的重合。由於我們的一切物理經驗最後都可歸結為這種重合，也就沒有什麼理由要去偏愛某些座標系，而不喜歡別的座標系，這就是說，我們達到了廣義協變性的要求。

§4.四個座標與空間—時間量度結果的關係

在這個討論中，我的目的不在於把廣義相對論表述為一個用到最少公理的盡可能簡單的、合乎邏輯的體系。我的主要目的卻在於要這樣來發展這一理論，使讀者對所選的這條道路在心理上有自然的感覺，而且作為基礎的那些假定看來是由經驗盡量地保證的。在這種意義下，現在不妨引進這樣的假定：

　　對於無限小的四維區域，如果座標選擇適當，狹義相對論是適合的。

　　為此，必須這樣來選取無限小的（「局部的」）座標系的加速狀態，使引力場不會出現；這對於無限小區域是可能的。設 X_1、X_2、X_3 是空間座標；X_4 是用適當的標度量得的所屬時間座標。⑤ 如果設想有一根剛性小桿作為單位量桿，那麼在給定這座標系的取向時，這些座標在狹義相對論的意義下就有直接的物理意義。按照狹義相對論，表示式

$$(1) \qquad ds^2 = - dX_1^2 - dX_2^2 - dX_3^2 + dX_4^2$$

就有一個同局部座標系的取向無關而可由空間—時間量度來確定的值。我們稱 ds 為屬於這個四維空間的一些無限鄰近點之間的線元的值。如果屬於微分（$dX_1 \cdots dX_4$）的 ds^2 是正的，那麼我們照閱可夫斯基的先例，叫它是類時間的（zeitartig）；如果是負的，我們就叫它是類空間的（raumartig）。

　　屬於上述「線元」或者兩個無限鄰近點事件的，還有所選定參考座標系的四維座標的確定的微分 $dx_1 \cdots dx_4$。如果這個座標系以及具有上述性質的一個「局部」座標系，對於所考查的區域都是給定了的，那麼 dX_v 在這裏就可用 dx_σ 的一定的線性齊次式來表示：

$$(2) \qquad dX_v = \sum_\sigma a_{v\sigma} dx_\sigma \text{。}$$

把這些式子代入 (1)，我們就得到

$$(3) \qquad ds^2 = \sum_{\sigma\tau} g_{\sigma\tau} dx_\sigma dx_\tau \text{。}$$

此處 $g_{\sigma\tau}$ 將是 x_σ 的函數。這些函數可以不再取決於「局部」座標系的取向和它的運動狀態；因為 ds^2 是一個可由量桿—時鐘量度而得出的量，是一個從屬於所考查的空間—時間上無限鄰近的點事件，而且它

⑤ 時間單位是這樣選定的，使得——在這「局部」座標系中所量得的——**真空**中的光速等於 1。——英譯者

073
廣義相對論的基礎

的定義 4 同任何特殊的座標選取無關的量。這裏 $g_{\sigma\tau}$ 要這樣選取，使得 $g_{\sigma\tau} = g_{\tau\sigma}$；累加遍及 σ 和 τ 的一切數值，所以總和是由 4×4 個項構成，其中有 12 個項是成對地相等的。

由於 $g_{\sigma\tau}$ 在非無限小區域裏具有特殊的性狀，如果在這個區域裏有可能這樣來選取座標系，使得 $g_{\sigma\tau}$ 具有如下的常數值：

(4)
$$\begin{cases} -1 & 0 & 0 & 0 \\ 0 & -1 & 0 & 0 \\ 0 & 0 & -1 & 0 \\ 0 & 0 & 0 & +1 \end{cases}$$

那麼從這裏所考查的特例就得出通常的相對性理論的情況。我們以後會發現，這樣的座標選擇，對於非無限小的區域一般是不可能的。

從 §2 和 §3 的考查得知，$g_{\sigma\tau}$ 這些量，從物理學的立場來看，應該看作是參照於所選參考座標系描述引力場的量。因為，如果我們現在假定，在適當選取座標的情況下，狹義相對論對於某一個被考查的四維區域是適合的；那麼 $g_{\sigma\tau}$ 就具有(4)中所規定的值。因此，對於這個座標系來說，自由質點是在作直線勻速運動。如果我們現在通過一種任意的代換，引進新的空間—時間座標 x_1、x_2、x_3、x_4，那麼 $g_{\sigma\tau}$ 在新座標系中將不再是常數，而是空間—時間的函數。同時，自由質點的運動在新座標中將表現為曲線的非勻速運動，而這種運動規律與運動質點的本性無關。我們因此把這種運動解釋為在引力場影響下的運動。我們從而發現，引力場的出現是與 $g_{\sigma\tau}$ 的空間—時間變異性聯繫在一起的。而且，在一般情況下，當我們不再能通過座標的適當選取而把狹義相對論應用到非無限小區域上去的時候，我們將堅持這樣的觀點，即認為 $g_{\sigma\tau}$ 是描述引力場的。

因而，根據廣義相對論，引力同別的各種力，尤其是同電磁力相比，它扮演一個特殊的角色，因為表示引力場的 10 個函數 $g_{\sigma\tau}$，同時也規定了四維量度空間（messraum）的度規（metrik）性質。

B. 建立廣義協變方程的數學工具

　　在前面我們看到了，廣義相對性公設導致這樣的要求，即物理方程組對於座標 $x_1 \cdots x_4$ 的任何代換都必須是協變的，現在我們就必須考慮怎樣才能得到這種廣義協變方程。我們現在要轉到這種純粹的數學問題上來；我們會發現，在解決這個問題時，方程(3)所給的不變數 ds 扮演著主要的角色，仿照高斯的曲面論，我們叫它「線元」。

　　這個廣義協變理論的基本思想如下：設對於任一座標系，有某些東西（「張量」）是用一些叫作張量「分量」的空間函數來定義的。如果這些分量對於原來的座標系是已知的，而且聯繫原來的和新的座標系之間的變換也是已知的，那麼就存在一些確定的規則，根據這些規則可算出關於新座標的分量。這些以後叫作張量的東西，由於它們的分量的變換方程都是線性的和齊次的，而進一步顯示出其特徵。由此可知，如果全部分量在原來的座標系中都等於零，那麼它們在新座標系中也都全部等於零。所以，如果有一自然規律，它是由一個張量的一切分量都等於零來表述的，那麼它就是廣義協變的；通過對張量形成規則的考查，我們就得到了建立廣義協變定律的方法。

§5. 抗變的和協變的四元向量

　　抗變四元向量　線元是由四個「分量」dx_v 來定義的，這些分量的變換規則由下列方程來表示：

$$(5) \qquad dx'_\sigma = \sum_v \frac{\partial x'_\sigma}{\partial x_v} dx_v$$

這裏 dx'_σ 表示為 dx_v 的線性齊次函數；因此我們可以把這些座標微分看成是一種「張量」的分量，這種張量我們特別叫它抗變四元向量。凡是對於座標系用四個量 A^v 來定義的，並且以同樣的規則

(5a)
$$A^{\sigma'} = \sum_v \frac{\partial x'_\sigma}{\partial x_v} A^v$$

來變換的東西，我們也叫它抗變四元向量。從（5a）立即得知，如果 A^σ 和 B^σ 都是一個四元向量的分量，那麼它們的和（$A^\sigma \pm B^\sigma$）也該是四元向量的分量。對於一切以後引進作為「張量」的體系，相應的關係都成立（張量的加法和減法規則）。

協變四元向量 如果對於每個任意選取的抗變四元向量 B^v，有四個量 A_v，使

(6)
$$\sum_v A_v B^v = 不變數，$$

那麼我們叫 A_v 是一個協變四元向量的分量。由這個定義得出協變四元向量的變換規則。因為，如果我們把方程

$$\sum_\sigma A'_\sigma B^{\sigma'} = \sum_v A_v B^v$$

右邊的 B^v 代之以由方程（5a）的反演變換後所得出的下式

$$\sum_\sigma \frac{\partial x_v}{\partial x'_\sigma} B^{\sigma'},$$

我們就得到

$$\sum_\sigma B^{\sigma'} \sum_v \frac{\partial x_v}{\partial x_\sigma} A_v = \sum_\tau B^{\sigma'} A'_\sigma。$$

但是因為在這個方程中 $B^{\sigma'}$ 都是可以互不相依地自由選定的，由此就得出變換規則

(7)
$$A'_\sigma = \sum_v \frac{\partial x_v}{\partial x'_\sigma} A_v。$$

關於表示式書寫方法的簡化的注釋 看一下這一節的方程就會明白，對於那個在累加符號後出現兩次的指標〔比如(5)中的指標 v〕，總是被累加起來的，而且確實也只對於出現兩次的指標進行累加。因此就能夠略去累加符號，而不喪失其明確性。為此我們引進這樣的規定：除非作了相反的聲明，否則，凡在式子的一個項裏出現兩次的指標，總是要對這指標進行累加的。

協變四元向量同抗變四元向量之間的區別在於變換規則〔分別是

(7)或者是(5)〕。在上述一般性討論的意義上，這兩種形式都是張量；它們的重要性就在於此。仿照里奇和勒維－契維塔，我們把指標放在上面以表示抗變性，放在下面則表示協變性。

§6. 二階和更高階的張量

抗變張量 如果我們對兩個抗變四元向量的分量 A^μ 和 B^v 來構造所有 16 個乘積 $A^{\mu v}$

$$(8) \qquad A^{\mu v} = A^\mu B^v,$$

那麼，按照(8)和(5a)，$A^{\mu v}$ 滿足變換規則

$$(9) \qquad A^{\sigma \tau'} = \frac{\partial x'_\sigma}{\partial x_\mu} \frac{\partial x'_\tau}{\partial x_v} A^{\mu v}。$$

凡是相對於任何參考座標系都用 16 個量（函數）來描述，並且滿足變換規則(9)的東西，我們都叫它二階抗變張量。不是每一個這種張量都是可以由兩個四元向量依照(8)來形成的。但不難證明，任何已知的 16 個 $A^{\mu v}$ 都能表示爲四對經過適當選取的四元向量的 $A^\mu B^v$ 的和。因此，我們能夠最簡單地證明幾乎所有適用於(9)所定義的二階張量的命題，只要我們能夠證明這些命題是適用於類型(8)的特殊張量就行了。

任意階的抗變張量 很明顯，相應於(8)和(9)，三階和更高階的張量分別用 4^3 個分量或更多個分量來定義。同樣，從(8)和(9)可以明顯看出，抗變四元向量在這個意義上可看成是一階的抗變張量。

協變張量 另一方面，如果我們構造兩個**協變**四元向量 A_μ 和 B_v 的 16 個乘積 $A_{\mu v}$，

$$(10) \qquad A_{\mu v} = A_\mu B_v,$$

那麼，對於這些乘積的變換規則是

$$(11) \qquad A'_{\sigma \tau} = \frac{\partial x_\mu}{\partial x'_\sigma} \frac{\partial x_v}{\partial x'_\tau} A_{\mu v}。$$

這個變換規則定義了二階的協變張量。我們前面關於抗變張量所

說的，也全部適用於協變張量。

附注 把標量（不變數）當作零階的抗變張量或零階的協變張量來處理是適當的。

混合張量 我們也可以定義一種這樣類型的二階張量

(12) $$A_\mu^v = A_\mu B^v,$$

它對於指標 μ 是協變的，而對於指標 ν 則是抗變的。它的變換規則是

(13) $$A_\sigma^{\tau'} = \frac{\partial x_\beta'}{\partial x_\beta} \frac{\partial x_\alpha}{\partial x_\sigma'} A_\alpha^\beta 。$$

自然存在著具有任意多個協變性指標和任意多個抗變性指標的混合張量。協變張量和抗變張量可以看成是混合張量的特殊情況。

對稱張量 一個二階的或者更高階的抗變張量或者協變張量，如果由任何兩個指標相互對調而產生的兩個分量都是相等的，那麼就說它是**對稱**的。如果對於指標 μ、ν 的每一組合都有：

(14) $$A^{\mu v} = A^{v\mu},$$

或者

(14a) $$A_{\mu v} = A_{v\mu},$$

那麼張量 $A^{\mu v}$ 或者張量 $A_{\mu v}$ 就是對稱的。

必須證明：由此定義的對稱性，是一種同參考座標系無關的性質。其實，只要考慮到(14)，就可從(9)得到

$$A^{\sigma\tau'} = \frac{\partial x_\sigma'}{\partial x_\mu} \frac{\partial x_\tau'}{\partial x_v} A^{\mu v} = \frac{\partial x_\sigma'}{\partial x_\mu} \frac{\partial x_\tau'}{\partial x_v} A^{v\mu} = \frac{\partial x_\sigma'}{\partial x_v} \frac{\partial x_\tau'}{\partial x_\mu} A^{\mu v} = A^{\tau\sigma'}$$

倒數第二個等式是以累加指標 μ 和 ν 的對調為根據的（就是說，它僅僅以記號的變更為根據）。

反對稱張量 一個二階、三階或者四階的抗變張量或者協變張量，如果由任何兩個指標相互對調而產生的兩個分量是**反號等值**的，那麼就說它是反對稱的。對於張量 $A^{\mu v}$ 或者張量 $A_{\mu v}$，如果總是

(15) $$A^{\mu v} = -A^{v\mu},$$

或者

(15a) $$A_{\mu v} = -A_{v\mu},$$

那麼它就是反對稱的。

在 16 個分量 $A^{\mu\nu}$ 當中有四個分量 $A^{\mu\mu}$ 是等於零；其餘的都是一對對反號等值的，這樣就只存在 6 個數值上不同的分量（六元向量）。同樣，我們看得出，（三階的）反對稱張量 $A^{\mu\nu\sigma}$ 只有四個數值上不同的分量，而反對稱張量 $A^{\mu\nu\sigma\tau}$ 只有一個分量。在四維連續區內，不存在高於四階的反對稱張量。

§7. 張量的乘法

張量的外乘法 設有一個 z 階的張量和一個 z' 階的張量，我們把第一個張量的每一分量與第二個張量的每一分量成對地相乘，就得到一個 $z+z'$ 階張量的分量。比如，由兩個不同種類的張量 A 和 B，可得出張量 T

$$T_{\mu\nu\sigma}=A_{\mu\nu}B_\sigma,$$
$$T^{\alpha\beta\gamma\delta}=A^{\alpha\beta}B^{\gamma\delta},$$
$$T^{\gamma\delta}_{\alpha\beta}=A_{\alpha\beta}B^{\gamma\delta}。$$

從 (8)、(10)、(12) 這些表示式，或者從變換規則 (9)、(11)、(13)，可直接證明 T 的張量特徵。方程 (8)、(10)、(12) 本身就是（一階張量的）外乘法的例子。

混合張量的「降階」 任何一個混合張量，當我們把它的一個協變性的指標同一個抗變性的指標相等，並對這個指標累加起來時，這樣就構成一個比原來的張量低二階的張量（「降階」）。比如，由四階的混合張量 $A^{\gamma\delta}_{\alpha\beta}$，我們可得二階的混合張量，

$$A^{\delta}_{\beta}=A^{\alpha\delta}_{\alpha\beta}\left(=\sum_{\alpha}A^{\alpha\delta}_{\alpha\beta}\right),$$

通過再一次降階，由此得到零階的張量，

$$A=A^{\beta}_{\beta}=A^{\alpha\beta}_{\alpha\beta}。$$

或者按照 (12) 的普遍形式連同 (6) 所示的張量表示式，或者按照 (13) 的普遍形式，可以證明降階的結果確實具有張量特徵。

079
廣義相對論的基礎

張量的內乘法和混合乘法 這兩種乘法都在於把外乘法和降階結合起來。

例子 由二階的協變張量 $A_{\mu v}$ 和一階的抗變張量 B^σ，我們可用外乘法構成混合張量

$$D^\sigma_{\mu v} = A_{\mu v} B^\sigma \text{。}$$

通過對指標 v 和 σ 的降階，就得出協變四元向量

$$D_\mu = D'_{\mu v} = A_{\mu v} B^v \text{。}$$

我們也稱它為張量 $A_{\mu v}$ 同 B^σ 的內積。相類似的，由張量 $A_{\mu v}$ 和 $B^{\sigma\tau}$，通過外乘法和二次降階，我們可構成內積 $A_{\mu v} B^{\mu v}$。通過外乘法和一次降階，我們由 $A_{\mu v}$ 和 $B^{\sigma\tau}$ 得到二階混合張量 $D^\tau_\mu = A_{\mu v} B^{v\tau}$。我們可以恰當地稱這種運算為混合運算；因為它對於指標 μ 和 τ 是「外」乘的，對於指標 v 和 σ 則是「內」乘的。

我們現在要證明一個時常用來作為證實張量特徵的命題。依照剛才所解釋的，如果 $A_{\mu v}$ 和 $B^{\sigma\tau}$ 都是張量，那麼 $A_{\mu v} B^{\mu v}$ 則是一個標量。但是我們也可斷定：**對於任意選取的張量 $B^{\mu v}$，如果 $A_{\mu v} B^{\mu v}$ 是一個不變數，那麼 $A_{\mu v}$ 具有張量特徵**。

證明——對於任何代換，由假設，得到

$$A_{\sigma\tau}' B^{\sigma\tau'} = A_{\mu v} B^{\mu v} \text{。}$$

但是根據(9)的反演

$$B^{\mu v} = \frac{\partial x_\mu}{\partial x'_\sigma} \frac{\partial x_v}{\partial x'_\tau} B^{\sigma\tau'} \text{。}$$

把它代入上面的方程，就得到：

$$\left(A_{\sigma\tau}' - \frac{\partial x_\mu}{\partial x'_\sigma} \frac{\partial x_v}{\partial x'_\tau} A_{\mu v} \right) B^{\sigma\tau'} = 0 \text{。}$$

要使這關係對於任意選取的 $B^{\sigma\tau'}$ 都成立，那只有使括弧等於零。由此，考慮到(11)，就得出那個論斷。

這個命題對於任何階和任何特徵的張量都相應地成立；其證明總可類似地推得。

這命題同樣可以用這樣的形式來證明：設 B^μ 和 C^v 是任意的向

量，而且對於這兩個向量的任意選取，其內積

$$A_{\mu v}B^{\mu}C^{v}$$

都是一個標量，那麼 $A_{\mu v}$ 是一個協變張量。只要對於這樣一個比較特殊的論斷，即對於任意選取的四元向量 B^{μ}，內積

$$A_{\mu v}B^{\mu}B^{v}$$

是一個標量，並且如果還知道 $A_{\mu v}$ 滿足對稱性條件 $A_{\mu v}=A_{v\mu}$，那麼上述這個命題也還是成立的。因爲由上述方法，我們可證明 $(A_{\mu v}+A_{v\mu})$ 的張量特徵，而從這裏，由於對稱性，就得知 $A_{\mu v}$ 的張量特徵。這命題也不難推廣到任何階的協變張量和抗變張量的情況。

最後，由這些證明得出一個同樣可推廣到任何張量上去的命題：如果對於任意選取的四元向量 B^{v}，$A_{\mu v}B^{v}$ 這些量構成一個一階的張量，那麼 $A_{\mu v}$ 是一個二階的張量。因爲，如果 C^{μ} 是一個任意的四元向量，那麼，由於 $A_{\mu v}B^{v}$ 的張量特徵，對於無論怎樣選定的兩個四元向量 B^{v} 和 C^{μ}，內積 $A_{\mu v}B^{v}C^{\mu}$ 都總是一個標量。由此就得到了這個斷言。

§8. 基本張量 $g_{\mu v}$ 的一些特性

協變基本張量　在線元平方的不變式

$$ds^2=g_{\mu v}dx_{\mu}dx_{v}$$

中，dx_{μ} 起著一個可任意選取的抗變向量的作用。又由於 $g_{\mu v}=g_{v\mu}$，從上一節的考查由此得出，$g_{\mu v}$ 是一個二階的協變張量。我們叫它「基本張量」。下面我們導出這一張量的一些性質，而這些性質確是任何二階張量所固有的；但是，在我們以萬有引力作用的特殊性爲其物理基礎的理論中，基本張量扮演著特殊的角色，這就必然地導致這樣的情況，即所要發展的關係只有在基本張量的場合下，對我們才是重要的。

抗變基本張量　在由元素 $g_{\mu v}$ 構成的行列式中，如果我們取出每個 $g_{\mu v}$ 的餘因數，並且對它除以行列式 $g=|g_{\mu v}|$，這樣我們就得到某些量 $g^{\mu v}(=g^{v\mu})$，我們將要證明，這些量構成一個反變張量。

081
廣義相對論的基礎

由行列式的一個著名性質

(16)
$$g_{\mu\sigma}g^{v\sigma} = \delta_\mu^v ,$$

此處符號 δ_μ^v 根據 $\mu = \nu$ 或者 $\mu \neq \nu$，而表示 1 或者 0。我們於是也可以把前面關於 ds^2 的式子改寫成

$$g_{\mu\sigma}\delta_v^\sigma dx_\mu dx_v ,$$

或者，由 (16)，也可寫成

$$g_{\mu\sigma}g_{v\tau}g^{\sigma\tau} dx_\mu dx_v ,$$

但由前幾節的乘法規則，

$$d\xi_\sigma = g_{\mu\sigma} dx_\mu$$

這些量構成一個協變四元向量，而且（由於 dx_μ 的任意選取性）它確是一個任意選取的四元向量。把它引進我們的式子裏，我們就得到

$$ds^2 = g^{\sigma\tau} d\xi_\sigma d\xi_\tau 。$$

由於對於任意選取的向量 $d\xi_\sigma$ 這是一個標量，而且 $g^{\sigma\tau}$ 根據定義對於指標 σ 和 τ 是對稱的，所以從上一節的結果就可得知，$g^{\sigma\tau}$ 是一個抗變張量。由 (16)，還可得知 δ_μ^v 也是一個張量，我們可以叫它混合基本張量。

基本張量的行列式 由行列式的乘法規則

$$|g_{\mu v}g^{\alpha v}| = |g_{\mu\alpha}| \, |g^{\alpha v}| 。$$

另一方面，

$$|g_{\mu\alpha}g^{\alpha v}| = |\delta_\mu^v| = 1 。$$

因此得到

(17)
$$|g_{\mu v}| \times |g^{\mu v}| = 1 。$$

體積不變量 我們先探求行列式 $g = |g_{\mu v}|$ 的變換規則。根據 (11)，

$$g' = \left| \frac{\partial x_\mu}{\partial x'_\sigma} \frac{\partial x_v}{\partial x'_\tau} \, g_{\mu v} \right| 。$$

由此，通過兩次應用乘法規則，就得出

$$g' = \left| \frac{\partial x_\mu}{\partial x'_\sigma} \right| \left| \frac{\partial x_v}{\partial x'_\tau} \right| |g_{\mu v}| = \left| \frac{\partial x_\mu}{\partial x'_\sigma} \right|^2 g ,$$

或者

$$\sqrt{g'} = \left| \frac{\partial x_\mu}{\partial x'_\sigma} \right| \sqrt{g} \ 。$$

另一方面，體積元

$$d\tau = \int dx_1 dx_2 dx_3 dx_4$$

的變換規則，根據著名的雅科畢定理，是

$$d\tau' = \left| \frac{\partial x'_\sigma}{\partial x_\mu} \right| d\tau \ 。$$

將這最後兩個方程相乘，我們得到

(18) $$\sqrt{g'} \, d\tau' = \sqrt{g} \, d\tau \ 。$$

以後我們採用的不是 $\sqrt{g}$，而是 $\sqrt{-g}$，由於空間—時間連續區的雙曲特徵，這個量總有一個實數值。不變量 $\sqrt{-g} \, d\tau$，等於在「局部參考座標系」中用狹義相對論意義上的剛性量桿和時鐘所量出的四維體積元的量。

關於空間—時間連續區特徵的注釋 我們的假定，說在無限小的區域裏，狹義相對論總是成立的，這意味著 ds^2 總能夠遵照(1)用實數量 $dX_1, \cdots, dX_4$ 來表示。如果我們用 $d\tau_0$ 來代表「自然的體積元 $dX_1 dX_2 dX_3 dX$，那麼

(18a) $$d\tau_0 = \sqrt{-g} \, d\tau \ 。$$

假如 $\sqrt{-g}$ 在四維連續區中的某點處會等於零，這就意味著，在這一點上，一個無限小的「自然的」體積對應於一個非無限小的座標體積。這種情況是絕不會出現的，因此 g 不能改變其正負號。我們要在狹義相對論的意義上假定，g 總有一非無限小的負值；這是一個關於所考查的連續區的物理本性的假設，同時也是一個關於座標選擇的約定。

但如果 $-g$ 總是正的並且是非無限小的，那就自然會後驗地 (a posteriori) 作這樣的座標選取，使得這個量等於 1。我們以後會看到，通過對座標的這種限制，就能使自然規律大大簡化。於是代替(18)的，

是簡單的

$$d\tau' = d\tau ,$$

由此，考慮到雅科畢定理，就得到

(19)
$$\left| \frac{\partial x'_\sigma}{\partial x_\mu} \right| = 1 。$$

因此，對於這樣的座標選取，只有那些使這行列式等於 1 的座標代換才是允許的。

但要是相信這一步驟意味著要部分放棄廣義相對性公設，那就錯了。我們不是要問：「對於行列式等於 1 的一切變換都是協變的那些自然規律是怎樣的？」而是要問：「**廣義**協變的自然規律是怎樣的？」等到我們建立起了這些規律以後，我們才通過參考座標系的特別選取來簡化它們的表示式。

用基本張量來構成新的張量 通過基本張量同一個張量的內乘、外乘和混合乘法得出不同特徵和不同秩的張量。

例子：
$$A^\mu = g^{\mu\sigma} A_\sigma ,$$
$$A = g_{\mu\nu} A^{\mu\nu} 。$$

特別應當指出的是下列形式：
$$A^{\mu\nu} = g^{\mu\alpha} g^{\nu\beta} A_{\alpha\beta} ,$$
$$A_{\mu\nu} = g_{\mu\alpha} g_{\nu\beta} A^{\alpha\beta} 。$$

（它們分別是協變張量和抗變張量的「餘」張量），以及
$$B_{\mu\nu} = g_{\mu\nu} g^{\alpha\beta} A_{\alpha\beta} 。$$

我們叫 $B_{\mu\nu}$ 是「有關 $A_{\mu\nu}$ 的縮減張量」。同樣得到
$$B^{\mu\nu} = g^{\mu\nu} g_{\alpha\beta} A^{\alpha\beta} 。$$

要注意的是，$g^{\mu\nu}$ 不過是 $g_{\mu\nu}$ 的餘張量，因為
$$g^{\mu\alpha} g^{\nu\beta} g_{\alpha\beta} = g^{\mu\alpha} \delta^\nu_\alpha = g^{\mu\nu} 。$$

§9.測地線方程（關於質點的運動）

因為「線元」ds 這個量的定義同座標系無關，所以四維連續區中

兩個點 P 和 P' 之間，使 $\int ds$ 是一極值的連線〔測地線（geodätische Linie)〕所具有的意義，也是同座標的選取無關的。它的方程是

(20) $$\delta\left\{\int_{P_1}^{P_2} ds\right\}=0 \text{。}$$

用通常的辦法進行變分，我們就從這個方程得到決定這條測地線的四個全微分方程；為了完備起見，這裏要插進這個運算。設 λ 是座標 x_v 的一個函數；它定義這樣一族曲面，這個曲面族既同所探求的測地線相交，也同一切無限靠近這條測地線並且通過 P 和 P' 兩點的連線相交。因此，每一條這樣的曲線都可設想為由它的表示為 λ 的函數的座標 x_v 來確定。設符號 δ 表示從所要求的測地線上一個點到鄰近一條曲線上屬於同一 λ 的一個點的過渡。這樣，(20)可由

(20a) $$\begin{cases} \int_{\lambda_1}^{\lambda_2} \delta w\, d\lambda = 0, \\ w^2 = g_{\mu\nu} \dfrac{dx_\mu}{d\lambda}\dfrac{dx_\nu}{d\lambda} \end{cases}$$

來代替。但由於

$$\delta w = \frac{1}{w}\left\{\frac{1}{2}\frac{\partial g_{\mu\nu}}{\partial x_\sigma}\frac{dx_\mu}{d\lambda}\frac{dx_\nu}{d\lambda}\delta x_\sigma + g_{\mu\nu}\frac{dx_\mu}{d\lambda}\delta\left(\frac{dx_\mu}{d\lambda}\right)\right\},$$

那麼，考慮到

$$\delta\left(\frac{dx_\nu}{d\lambda}\right)=\frac{d\delta x_\nu}{d\lambda}$$

在 (20a) 中代入 δw，並進行分部積分，我們就得到

(20b) $$\begin{cases} \int_{\lambda_1}^{\lambda_2} \kappa_\sigma \delta x_\sigma\, d\lambda = 0, \\ \kappa_\sigma = \dfrac{d}{d\lambda}\left\{\dfrac{g_{\mu\nu}}{w}\dfrac{dx_\mu}{d\lambda}\right\} - \dfrac{1}{2w}\dfrac{\partial g_{\mu\nu}}{\partial x_\sigma}\dfrac{dx_\mu}{d\lambda}\dfrac{dx_\nu}{d\lambda} \end{cases}$$

由於 δx_σ 的值是可以任意選取的，因此得出

(20c) $$\kappa_\sigma = 0$$

這就是測地線的方程。如果沿著所考查的測地線不是 $ds=0$，那麼我們就能夠選取沿著測地線所量度的「弧長」s 作為參數 λ。於是 $w=1$，而

(20c) 就成爲⑥

$$g_{\mu\sigma} = \frac{d^2 x_\mu}{ds^2} + \frac{\partial g_{\mu\sigma}}{\partial x_\nu} \frac{dx_\mu}{ds} \frac{dx_\nu}{ds} - \frac{1}{2} \frac{\partial g_{\mu\nu}}{\partial x_\sigma} \frac{dx_\mu}{ds} \frac{dx_\nu}{ds} = 0 ,$$

或者只改變一下記號，它就成爲

(20d) $$g_{\alpha\sigma} \frac{d^2 x_\alpha}{ds^2} + \begin{bmatrix} \mu\nu \\ \sigma \end{bmatrix} \frac{dx_\mu}{ds} \frac{dx_\nu}{ds} = 0 ,$$

依照克里斯多福，此處我們記

(21) $$\begin{bmatrix} \mu\nu \\ \sigma \end{bmatrix} = \frac{1}{2} \left(\frac{\partial g_{\mu\sigma}}{\partial x_\nu} + \frac{\partial g_{\nu\sigma}}{\partial x_\mu} - \frac{\partial g_{\mu\nu}}{\partial x_\sigma} \right)$$

最後，如果我們把（20d）乘以 g^δ（對於 τ 作外乘，對於 σ 作內乘），這樣我們終於得到測地線方程的最後形式

(22) $$\frac{d^2 x_\tau}{ds^2} + \begin{Bmatrix} \mu\nu \\ \tau \end{Bmatrix} \frac{dx_\mu}{ds} \frac{dx_\nu}{ds} = 0 ,$$

此處我們依照克里斯多福，記

(23) $$\begin{Bmatrix} \mu\nu \\ \tau \end{Bmatrix} = g^{\tau\alpha} \begin{bmatrix} \mu\nu \\ \alpha \end{bmatrix} 。$$

§10.用微分構成張量

借助於測地線的方程，我們現在就不難推導出這樣一些定律，根據這些定律，通過微分，就可從原來的張量構成新的張量。靠著這種辦法，我們才能夠列出廣義協變的微分方程。我們通過重複應用下面這個簡單的命題來達到這個目的。

如果我們的連續區中有一條曲線，它的點由離這條曲線上某一定點的弧距 s 來表徵，此外，如果 φ 是一個不變的空間函數，那麼 $d\varphi/ds$

---

⑥下式第一項中 $g_{\mu\sigma}$ 原文誤爲 $g_{\mu\nu}$，第二項中 $\frac{\partial g_{\mu\sigma}}{\partial x_\nu} \frac{dx_\mu}{ds}$ 原文誤爲 $\frac{\partial g_{\mu\nu}}{\partial x_\sigma} \frac{dx_\sigma}{ds}$，此處已改正。——中譯者

也是一個不變量。證明就在於，$d\varphi$ 和 ds 都是不變量。

既然
$$\frac{d\varphi}{ds} = \frac{\partial\varphi}{\partial x_\mu} \frac{dx_\mu}{ds},$$

所以
$$\psi = \frac{\partial\varphi}{\partial x_\mu} \frac{dx_\mu}{ds}$$

也是一個不變量，而且是對於從這連續區中的一個點出發的一切曲線的一個不變量，這就是說，是對於任意選取的向量 dx_μ 的一個不變量。由此直接得到

(24)
$$A_\mu = \frac{\partial\varphi}{\partial x_\mu}$$

是一個協變四元向量（φ 的**梯度**）。

根據我們的命題，在曲線上所作的微商

$$\chi = \frac{d\psi}{ds}$$

同樣也是一個不變量。把 ψ 的值代入，我們首先得到

$$\chi = \frac{\partial^2\varphi}{\partial x_\mu \partial x_\nu} \frac{dx_\mu}{ds} \frac{dx_\nu}{ds} + \frac{\partial\varphi}{\partial x_\mu} \frac{d^2 x_\mu}{ds^2}$$

從這裏不能立刻推知有一個張量存在。但如果我們現在規定，那條我們在它上面進行微分的曲線是測地線，那麼由(22)，通過 $d^2 x_\nu / ds^2$ 的代換，我們就得到

$$\chi = \left(\frac{\partial^2\varphi}{\partial x_\mu \partial x_\nu} - \begin{Bmatrix} \mu\nu \\ \tau \end{Bmatrix} \frac{\partial\varphi}{\partial x_\tau} \right) \frac{dx_\mu}{ds} \frac{dx_\nu}{ds} \,\circ$$

由於按 μ 和按 ν 的微分可以對調次序，又由(23)和(21)，$\begin{Bmatrix} \mu\nu \\ \tau \end{Bmatrix}$ 關於 μ 和 ν 是對稱的，所以括弧裏的式子關於 μ 和 ν 是對稱的，因為我們從連續區的一個點出發，在任何方向上都能引出一條測地線，所以 dx_μ/ds 是這樣的一個四元向量，它的分量之間的比率是可以任意選取的，因此，從 § 7 的結果，推得

(25)
$$A_{\mu\nu} = \frac{\partial^2\varphi}{\partial x_\mu \partial x_\nu} - \begin{Bmatrix} \mu\nu \\ \tau \end{Bmatrix} \frac{\partial\varphi}{\partial x_\tau}$$

是一個二階的**協變**張量。我們於是得到這樣的結果：由一階的協變張量

$$A_\mu = \frac{\partial \varphi}{\partial x_\mu},$$

我們能夠用微分構成一個二階的協變張量

(26) $$A_{\mu\nu} = \frac{\partial A_\mu}{\partial x_\nu} - \begin{Bmatrix} \mu\nu \\ \tau \end{Bmatrix} A_\tau 。$$

我們叫張量 $A_{\mu\nu}$ 是張量 A_μ 的「**擴張**」。首先我們不難證明，即使矢量 A_μ 不能表示為梯度，這種構成方法也會導致一個張量。要明白這一點，我們先要注意到，如果 ψ 和 φ 都是標量，那麼

$$\psi \frac{\partial \varphi}{\partial x_\mu}$$

則是一個協變四元矢量。如果 $\psi^{(1)}$、$\varphi^{(1)}$、……、$\psi^{(4)}$、$\varphi^{(4)}$ 都是標量，那麼由這樣四個項所組成的和

$$S_\mu = \psi^{(1)} \frac{\partial \varphi^{(1)}}{\partial x_\mu} + \cdots + \psi^{(4)} \frac{\partial \varphi^{(4)}}{\partial x_\mu}$$

也是一個協變四元矢量。但是顯而易見，任何協變四元矢量都能表示為 S_μ 的形式。因為，如果 A_μ 一個四元向量，它的分量是 x_ν 的任意給定的函數，那麼，為了使 S_μ 等於 A_μ，我們只要（對所選定的座標系）設

$$\psi^{(1)} = A_1，\quad \varphi^{(1)} = x_1，$$
$$\psi^{(2)} = A_2，\quad \varphi^{(2)} = x_2，$$
$$\psi^{(3)} = A_3，\quad \varphi^{(3)} = x_3，$$
$$\psi^{(4)} = A_4，\quad \varphi^{(4)} = x_4 。$$

因此，為了證明，當（26）右邊的 A_μ 被任何的協變四元向量代入時，$A_{\mu\nu}$ 仍是一個張量，我們只要證明這對於四元向量 S_μ 也是正確的就行了。但是看一下（26）的右邊，就能使我們知道，只要在

$$A_\mu = \psi \frac{\partial \varphi}{\partial x_\mu}$$

的情況下給予證明，就足以完成上述任務。現在把（25）的右邊乘以

ψ，

$$\psi\frac{\partial^2\varphi}{\partial x_\mu\partial x_\nu}-\begin{Bmatrix}\mu\nu\\\tau\end{Bmatrix}\psi\frac{\partial\varphi}{\partial x_\tau}$$

具有張量特徵。同樣，

$$\frac{\partial\psi}{\partial x_\mu}\frac{\partial\varphi}{\partial x_\nu}$$

也是一個張量（兩個四元向量的外積）。通過加法，得知

$$\frac{\partial}{\partial x_\nu}\left(\psi\frac{\partial\varphi}{\partial x_\mu}\right)-\begin{Bmatrix}\mu\nu\\\tau\end{Bmatrix}\left(\psi\frac{\partial\varphi}{\partial x_\tau}\right)$$

具有張量特徵。看一下（26）就會明白，這對於四元向量

$$\psi\frac{\partial\varphi}{\partial x_\mu}$$

就完成了所要求的證明，因此，正如剛才所證明的，這也完成了對於任何四元向量 A_μ 的證明。

借助於四元向量的擴張，我們也不難定義一個任意階的協變張量的「擴張」；這種構成方法是四元向量擴張的一種推廣。我們只限於建立二階張量的擴張，因為這已可以使構成規則一目了然。

已經說過，任何二階的協變張量都可表示為 $A_\mu B_\nu$ 型張量的和。⑦因此只要導出這種特殊張量的擴張的表示式就足夠了。由（26），表示式

⑦通過一個具有任意分量 A_{11}、A_{12}、A_{13}、A_{14} 的向量同一個具有分量 1、0、0、0 的向量的外乘法，就產生一個張量，它的分量是

$$\begin{matrix}A_{11}&A_{12}&A_{13}&A_{14}\\0&0&0&0\\0&0&0&0\\0&0&0&0\end{matrix}$$

把四個這種類型的張量相加，就得到一個具有任意規定的分量的張量 $A_{\mu\nu}$。——英譯者

$$\frac{\partial A_\mu}{\partial x_\tau} - \begin{Bmatrix} \sigma\mu \\ \tau \end{Bmatrix} A_\tau ,$$

$$\frac{\partial B_\nu}{\partial x_\sigma} - \begin{Bmatrix} \sigma\nu \\ \tau \end{Bmatrix} B_\tau$$

都具有張量特徵。第一式外乘以 B_ν，第二式外乘以 A_μ，我們分別得到一個三階的張量；把它們相加，就得出這樣的三階張量：

$$(27) \qquad A_{\mu\nu\sigma} = \frac{\partial A_{\mu\nu}}{\partial x_\sigma} - \begin{Bmatrix} \sigma\mu \\ \tau \end{Bmatrix} A_{\tau\nu} - \begin{Bmatrix} \sigma\nu \\ \tau \end{Bmatrix} A_{\mu\tau} ,$$

此處我們已置 $A_{\mu\nu} = A_\mu B_\nu$。因為（27）的右邊對於 $A_{\mu\nu}$ 及其一階導數是線性齊次的，所以這個構成規則不僅對於 $A_\mu B_\nu$ 類型的張量，而且也對於這種張量的和，即對於任意二階的協變張量，都導出一個張量。我們把 $A_{\mu\nu\sigma}$ 叫做張量 $A_{\mu\nu}$ 的擴張。

顯然，（26）和（24）只講到擴張的特例（分別是一階的和零階的張量的擴張）。一般說來，張量的一切特殊構成規則都可以理解為（27）同張量乘法的結合。

§11. 幾個具有特殊意義的特例

同基本張量有關的幾個輔助定理 我們首先推出一些以後經常要用到的輔助方程。根據行列式的微分規則，

$$(28) \qquad dg = g^{\mu\nu} g \, dg_{\mu\nu} = -g_{\mu\nu} g \, dg^{\mu\nu}$$

最後一個形式是從倒數第二個形式得出的，只要我們考慮到 $g_{\mu\nu} g^{\mu'\nu} = \delta_\mu^{\mu'}$，由此 $g_{\mu\nu} g^{\mu\nu} = 4$，所以

$$g_{\mu\nu} dg^{\mu\nu} + g^{\mu\nu} dg_{\mu\nu} = 0$$

由（28），得出

$$(29) \qquad \frac{1}{\sqrt{-g}} \frac{\partial\sqrt{-g}}{\partial x_\sigma} = \frac{1}{2} \frac{\partial \lg(-g)}{\partial x_\sigma} = \frac{1}{2} g^{\mu\nu} \frac{\partial g_{\mu\nu}}{\partial x_\sigma} = \frac{1}{2} g_{\mu\nu} \frac{\partial g^{\mu\nu}}{\partial x_\sigma} \circ$$

又由於對

$$g_{\mu\sigma} g^{\nu\sigma} = \delta_\mu^\nu$$

進行微分後，得到

(30)
$$\begin{cases} g_{\mu\sigma}dg^{\nu\sigma} = -g^{\nu\sigma}dg_{\mu\sigma}，或 \\ g_{\mu\sigma}\dfrac{\partial g^{\nu\sigma}}{\partial x_\lambda} = -g^{\nu\sigma}\dfrac{\partial g_{\mu\sigma}}{\partial x_\lambda}。 \end{cases}$$

用 $g^{\sigma\tau}$ 和 $g_{\nu\lambda}$ 分別對這兩個方程作混合乘法（並且改變指標的記號），我們就得到

(31)
$$\begin{cases} dg^{\mu\nu} = -g^{\mu\alpha}g^{\nu\beta}dg_{\alpha\beta}， \\ \dfrac{\partial g^{\mu\nu}}{\partial x_\sigma} = -g^{\mu\alpha}g^{\nu\beta}\dfrac{\partial g_{\alpha\beta}}{\partial x_\sigma}； \end{cases}$$

和

(32)
$$\begin{cases} dg_{\mu\nu} = -g_{\mu\alpha}g_{\nu\beta}dg^{\alpha\beta}， \\ \dfrac{\partial g_{\mu\nu}}{\partial x_\sigma} = -g_{\mu\alpha}g_{\nu\beta}\dfrac{\partial g^{\alpha\beta}}{\partial x_\sigma}。 \end{cases}$$

關係式（31）可以改寫成另一個我們也常用的形式。根據（21），

(33)
$$\frac{\partial g_{\alpha\beta}}{\partial x_\sigma} = \begin{bmatrix} \alpha\sigma \\ \beta \end{bmatrix} + \begin{bmatrix} \beta\sigma \\ \alpha \end{bmatrix}。$$

把它代入（31）的第二個公式，又鑒於（23），我們就得到

(34)
$$\frac{\partial g^{\mu\nu}}{\partial x_\sigma} = -\left(g^{\mu\tau}\begin{Bmatrix} \tau\sigma \\ \nu \end{Bmatrix} + g^{\nu\tau}\begin{Bmatrix} \tau\sigma \\ \mu \end{Bmatrix} \right)。$$

把（34）的右邊代入（29），就給出

(29a)
$$\frac{1}{\sqrt{-g}}\frac{\partial\sqrt{-g}}{\partial a_\sigma} = \begin{Bmatrix} \mu\sigma \\ \mu \end{Bmatrix}。$$

抗變四元向量的「散度」 如果我們把（26）乘以抗變基本張量 $g^{\mu\nu}$（內乘），那麼此式右邊在其第一項經過改寫後就取這樣的形式

$$\frac{\partial}{\partial x_\nu}(g^{\mu\nu}A_\mu) - A_\mu\frac{\partial g^{\mu\nu}}{\partial x_\nu} - \frac{1}{2}g^{\tau\alpha}\left(\frac{\partial g_{\mu\alpha}}{\partial x_\nu} + \frac{\partial g_{\nu\alpha}}{\partial x_\mu} - \frac{\partial g_{\mu\nu}}{\partial x_\alpha} \right)g^{\mu\nu}A_\tau$$

根據（31）和（29），上式的最後一項可寫成

$$\frac{1}{2}\frac{\partial g^{\tau\nu}}{\partial x_\nu}A_\tau + \frac{1}{2}\frac{\partial g^{\tau\mu}}{\partial x_\mu}A_\tau + \frac{1}{\sqrt{-g}}\frac{\partial\sqrt{-g}}{\partial x_\alpha}g^{\tau\alpha}A_\tau$$

因為累加指標的符號是無關緊要的，所以此式中的開頭兩項同上式中

的第二項抵消了；此式中最後一項可以同上式的第一項結合起來。如果我們仍然置

$$g^{\mu\nu}A_\mu = A^\nu,$$

此處 A^ν 也像 A_μ 一樣是一個可以任意選取的向量，那麼我們最後就得到

(35) $$\varPhi = \frac{1}{\sqrt{-g}}\frac{\partial}{\partial x_\nu}(\sqrt{-g}\,A^\nu)。$$

這個標量就是抗變四元向量 A^ν 的**散度**。

（協變）四元向量的「旋度」 （26）中的第二項對於指標 μ 和 ν 是對稱的。因此 $A_{\mu\nu} - A_{\nu\mu}$ 是一個構造特別簡單的（反對稱）張量。我們得到

(36) $$B_{\mu\nu} = \frac{\partial A_\mu}{\partial x_\nu} - \frac{\partial A_\nu}{\partial x_\mu}。$$

六元向量的反對稱擴張 如果我們把（27）應用到一個二階的反對稱張量 $A_{\mu\nu}$ 上去，並構成通過指標 μ、ν、σ 的循環調換而產生的另外兩個方程，把這三個方程加起來，那麼我們就得到三階的張量

(37) $$B_{\mu\nu\sigma} = A_{\mu\nu\sigma} + A_{\nu\sigma\mu} + A_{\sigma\mu\nu} = \frac{\partial A_{\mu\nu}}{\partial x_\sigma} + \frac{\partial A_{\nu\sigma}}{\partial x_\mu} + \frac{\partial A_{\sigma\mu}}{\partial x_\nu},$$

不難證明，它是反對稱的。

六元向量的散度 我們把（27）乘以 $g^{\mu\alpha}g^{\nu\beta}$（混合乘積），那麼我們也同樣得到一個張量。我們可以把（27）右邊的第一項寫成如下形式：

$$\frac{\partial}{\partial x_\sigma}(g^{\mu\alpha}g^{\nu\beta}A_{\mu\nu}) - g^{\mu\alpha}\frac{\partial g^{\nu\beta}}{\partial x_\sigma}A_{\mu\nu} - g^{\nu\beta}\frac{\partial g^{\mu\alpha}}{\partial x_\sigma}A_{\mu\nu}。$$

如果我們以 $A_\sigma^{\alpha\beta}$ 代替 $g^{\mu\alpha}g^{\nu\beta}A_{\mu\nu\sigma}$，以 $A^{\alpha\beta}$ 代替 $g^{\mu\alpha}g^{\nu\beta}A_{\mu\nu}$，並且我們在經過改寫後的第一項中，以（34）代替

$$\frac{\partial g^{\nu\beta}}{\partial x_\sigma} \text{ 和 } \frac{\partial g^{\mu\alpha}}{\partial x^\sigma},$$

那麼，從（27）的右邊得出一個含有七個項的表示式，其中四個項互相抵消了。剩下的是

$$(38) \qquad A_\sigma^{\alpha\beta} = \frac{\partial A^{\alpha\beta}}{\partial x_\sigma} + \begin{Bmatrix} \sigma\kappa \\ \alpha \end{Bmatrix} A^{\kappa\beta} + \begin{Bmatrix} \sigma\kappa \\ \beta \end{Bmatrix} A^{\alpha\kappa} \text{。}$$

這是一個關於二階抗變張量的擴張式，關於更高階和更低階的抗變張量的擴張式也可以相應地作出。

我們注意到，用類似的辦法也可構成混合張量 A_μ^α 的擴張，

$$(39) \qquad A_{\mu\sigma}^\alpha = \frac{\partial A_\mu^\alpha}{\partial x_\sigma} - \begin{Bmatrix} \sigma\mu \\ \tau \end{Bmatrix} A_\tau^\alpha + \begin{Bmatrix} \sigma\tau \\ \beta \end{Bmatrix} A_\mu^\tau \text{。}$$

把（38）作關於指標 β 和 σ 的降階（內乘以 δ_β^σ），我們得到抗變四元向量

$$A^\alpha = \frac{\partial A^{\alpha\beta}}{\partial x_\beta} + \begin{Bmatrix} \beta\kappa \\ \beta \end{Bmatrix} A^{\alpha\kappa} + \begin{Bmatrix} \beta\kappa \\ \alpha \end{Bmatrix} A^{\kappa\beta} \text{。}$$

如果 $A^{\alpha\beta}$ 像我們所要假定的那樣是一個反對稱張量，那麼由於 $\begin{Bmatrix} \beta\kappa \\ \alpha \end{Bmatrix}$ 對指標 β 和 κ 的對稱性，這方程右邊的第三項就等於零；而第二項可利用（29a）進行改寫。由此我們得到

$$(40) \qquad A^\alpha = \frac{1}{\sqrt{-g}} \frac{\partial(\sqrt{-g}\,A^{\alpha\beta})}{\partial x_\beta} \text{。}$$

這是抗變六元向量的散度的表示式。

二階混合張量的散度 如果我們作出（39）關於指標 α 和 σ 的降階，並且考慮到（29a），那麼我們就得到

$$(41) \qquad \sqrt{-g}\,A_\mu = \frac{\partial(\sqrt{-g}\,A_\mu^\sigma)}{\partial x_\sigma} - \begin{Bmatrix} \sigma\mu \\ \tau \end{Bmatrix} \sqrt{-g}\,A_\tau^\sigma \text{。}$$

如果在最後一項中我們引進抗變張量 $A^{\rho\sigma} = g^{\rho\tau}A_\tau^\sigma$，那麼它就取形式

$$-\begin{bmatrix} \sigma\mu \\ \rho \end{bmatrix} \sqrt{-g}\,A^{\rho\sigma} \text{。}$$

如果張量 $A^{\rho\sigma}$ 又是對稱的，那麼這就簡化成

$$-\frac{1}{2}\sqrt{-g}\,\frac{\partial g_{\rho\sigma}}{\partial x_\mu} A^{\rho\sigma} \text{。}$$

如果我們引進一個也是對稱的協變張量 $A_{\rho\sigma} = g_{\rho\alpha}g_{\sigma\beta}A^{\alpha\beta}$ 來代替 $A^{\rho\sigma}$，那麼由（31），這最後一項就會取形式

$$\frac{1}{2}\sqrt{-g}\ \frac{\partial g^{\rho\sigma}}{\partial x_\mu}A_{\rho\sigma}\ \circ$$

於是，在所講的**對稱**的情況下，(41) 也可用下面兩種形式來代替：

(41a)
$$\sqrt{-g}\,A_\mu=\frac{\partial(\sqrt{-g}\,A_\mu^\sigma)}{\partial x_\sigma}-\frac{1}{2}\,\frac{\partial g_{\rho\sigma}}{\partial x_\mu}\sqrt{-g}\,A^{\rho\sigma}\ ,$$

(41b)
$$\sqrt{-g}\,A_\mu=\frac{\partial(\sqrt{-g}\,A_\mu^\sigma)}{\partial x_\sigma}+\frac{1}{2}\,\frac{\partial g^{\rho\sigma}}{\partial x_\mu}\sqrt{-g}\,A_{\rho\sigma}\ ,$$

它們是我們以後要用到的。

§12. 黎曼—克里斯多福張量

我們現在來求這樣一種張量，它們能夠**單獨**由基本張量 $g_{\mu\nu}$ 經過微分而得到。初看一下，答案似乎就在手邊。我們在 (27) 中用基本張量 $g_{\mu\nu}$ 來代替任何已定的張量 $A_{\mu\nu}$，由此得到一個新張量，即基本張量的擴張。但人們很容易相信，這個擴張是恆等於零的。然而我們還是要從下面的途徑來達到我們的目標。我們在 (27) 中置

$$A_{\mu\nu}=\frac{\partial A_\mu}{\partial x_\nu}-\begin{Bmatrix}\mu\nu\\\rho\end{Bmatrix}A_\rho\ ,$$

此即四元向量 A_μ 的擴張。於是我們就得到（指標的名稱稍有變動）三階的張量

$$A_{\mu\sigma\tau}=\frac{\partial^2 A_\mu}{\partial x_\sigma\partial x_\tau}-\begin{Bmatrix}\mu\sigma\\\rho\end{Bmatrix}\frac{\partial A_\rho}{\partial x_\tau}-\begin{Bmatrix}\mu\tau\\\rho\end{Bmatrix}\frac{\partial A_\rho}{\partial x_\sigma}-\begin{Bmatrix}\sigma\tau\\\rho\end{Bmatrix}\frac{\partial A_\mu}{\partial x_\rho}$$

$$+\left[-\frac{\partial}{\partial x_\tau}\begin{Bmatrix}\mu\sigma\\\rho\end{Bmatrix}+\begin{Bmatrix}\mu\tau\\\alpha\end{Bmatrix}\begin{Bmatrix}\alpha\sigma\\\rho\end{Bmatrix}+\begin{Bmatrix}\sigma\tau\\\alpha\end{Bmatrix}\begin{Bmatrix}\alpha\mu\\\rho\end{Bmatrix}\right]A_\rho\ \circ$$

這個式子提示我們去構成張量 $A_{\mu\sigma\tau}-A_{\mu\tau\sigma}$。因爲如果我們這樣作了，$A_{\mu\sigma\tau}$ 式中的第一項、第四項以及相當於方括號中的最後一項的那個部分，都分別同 $A_{\mu\tau\sigma}$ 式中的對應項互相抵消了；因爲所有這些項對於 σ 和 τ 都是對稱的。這對於第二項同第三項的和也是同樣成立的。所以我們得到

(42)
$$A_{\mu\sigma\tau} - A_{\mu\tau\sigma} = B^{\tau}_{\mu\sigma\tau} + A_{\rho} \, ,$$

(43)
$$\begin{cases} B^{\rho}_{\mu\sigma\tau} = -\dfrac{\partial}{\partial x_{\tau}}\begin{Bmatrix}\mu\sigma\\\rho\end{Bmatrix} + \dfrac{\partial}{\partial x_{\sigma}}\begin{Bmatrix}\mu\tau\\\rho\end{Bmatrix} \\[2mm] \quad - \begin{Bmatrix}\mu\sigma\\\alpha\end{Bmatrix}\begin{Bmatrix}\alpha\tau\\\rho\end{Bmatrix} + \begin{Bmatrix}\mu\tau\\\alpha\end{Bmatrix}\begin{Bmatrix}\alpha\sigma\\\rho\end{Bmatrix} \, \circ \end{cases}$$

這個結果的主要特點是：在（42）的右邊只出現 A_{ρ}，而不出現它們的導數。由 $A_{\mu\sigma\tau} - A_{\mu\tau\sigma}$ 的張量特徵，結合 A_{ρ} 是可以任意選定的四元向量這一事實，根據§ 7 的結果，就得知 $B^{\rho}_{\mu\sigma\tau}$ 是一個張量（黎曼－克里斯多福張量）。

這種張量的數學重要性如下：如果連續區具有這樣的性質，即存在一個座標系，參照於它，各個 $g_{\mu\nu}$ 都是常數，那麼所有的 $B^{\rho}_{\mu\sigma\tau}$ 都等於零。如果我們選取任何一個新的座標系來代替原來的座標系，那麼參照於新座標系的 $g_{\mu\nu}$ 將不是常數了。但 $B^{\rho}_{\mu\sigma\tau}$ 的張量性質必然使得這些分量在這任意選取的參考座標系中全部等於零。因此，要通過參考座標系的適當選取而使 $g_{\mu\nu}$ 能夠成為常數，黎曼張量等於零則是其必要條件。[8] 在我們的問題中，這相當於這樣的情況：通過參考座標系的適當選擇，狹義相對論在非無限小區域裏是有效的。

對（43）作關於指標 τ 和 ρ 降階，我們得到二階的協變張量

(44)
$$\begin{cases} B_{\mu\nu} = R_{\mu\nu} + S_{\mu\nu} \, , \\[2mm] R_{\mu\nu} = -\dfrac{\partial}{\partial x_{\alpha}}\begin{Bmatrix}\mu\nu\\\alpha\end{Bmatrix} + \begin{Bmatrix}\mu\alpha\\\beta\end{Bmatrix}\begin{Bmatrix}\mu\beta\\\alpha\end{Bmatrix} \, , \\[2mm] S_{\mu\nu} = \dfrac{\partial^2 \lg\sqrt{-g}}{\partial x_{\mu}\partial x_{\nu}} - \begin{Bmatrix}\mu\nu\\\alpha\end{Bmatrix}\dfrac{\partial \lg\sqrt{-g}}{\partial x_{\alpha}} \, \circ \end{cases}$$

[8] 數學家已證明，這也是充分條件。——英譯者

　　關於座標選取的注釋　在§8裏聯繫到方程（18a）曾經指出過，如果所選取的座標能使$\sqrt{-g}=1$，那是有好處的。看一下前面最後兩節中所得出的方程就可知道，通過這樣選取，張量的構成規則能大大地加以簡化。這特別適用於剛才求出的張量$B_{\mu\nu}$，這種張量在所要說明的理論中起著基本的作用。由於座標的這種特殊選取必然使得$S_{\mu\nu}$等於零，於是張量$B_{\mu\nu}$就簡化爲$R_{\mu\nu}$。

　　所以以後我要對一切關係都給予由於座標的這種特殊選取而必然產生的簡化形式。如果在一種特殊情況中似乎需要改回到**一般的**協變方程，那也是一件輕而易舉的事。

C. 引力場理論

§13. 引力場中質點的運動方程關於引力的場分量的表示式

　　依照狹義相對論，一個不受外力作用的自由運動的物體是作直線勻速運動的，依照廣義相對論，這種情況也適用於四維空間中這樣的部分，在這一部分空間中，座標系K_0可以而且已經選取來使$g_{\mu\nu}$具有(4)中所規定的特殊常數值。

　　如果我們從一個任意選定的座標系K_1來考查這種運動，那麼根據§2的考查，從K_1來判斷，這個物體是在引力場中運動的。參照於K_1的運動定律可以毫無困難地從下面的考查得出。參照於K_0，這個運動定律是一條四維的直線，因此是一條測地線。現在既然測地線的定義是同參考座標系無關的，它的方程也就是參照於K_1的質點的運動方程。如果我們置

(45)
$$\Gamma_{\mu\nu}^{\tau}=-\left\{\begin{matrix}\mu\nu\\\tau\end{matrix}\right\},$$

參照於K_1的這個質點運動方程就成爲

(46)
$$\frac{d^2x_\tau}{ds^2}=\Gamma_{\mu\nu}^{\tau}\frac{dx_\mu}{ds}\frac{dx_\nu}{ds}。$$

我們現在作一顯而易見的假定：即使不存在那種可使狹義相對論適用於非無限小空間的參考座標系 K_0，這個一般的協變方程組也還規定著質點在引力場中的運動。由於（46）只含有 $g_{\mu\nu}$ 的**第一階**導數，在它們之間，在有 K_0 存在的特殊情況下，也不存在什麼關係，[⑨] 所以我們就更加有理由作這個假定了。

如果 $\Gamma^\tau_{\mu\nu}$ 等於零，那麼這質點就作直線勻速運動。因此這些量就規定了運動對勻性的偏離。它們是引力場的分量。

§14. 不存在物質時的引力的場方程

我們今後在這樣的意義上把「引力場」同「物質」加以區別：除了引力場之外的任何東西都叫作「物質」，因此，它不僅包括通常意義上的「物質」，而且也包括電磁場。

我們下一步的任務是要尋求不存在物質時引力的場方程。這裏我們再一次用到上一節中在列出質點的運動方程時所使用的同一種方法。有一種特殊情況，是所要探求的場方程無論如何都必須滿足的，這就是狹義相對論的情況，在這種情況下，$g_{\mu\nu}$ 有確定的常數值。假設在某一非無限小的區域中對於一定的參考座標系 K_0 是這種情況。對於這個座標系，黎曼張量的一切分量 $B^\rho_{\mu\sigma\tau}$〔方程（43）〕3 都等於零。因此，就所考查的區域來說，它們對於任何別的座標系也都等於零。

因此，如果所有的 $B^\rho_{\mu\sigma\tau}$ 都等於零，那麼所要求的無物質的引力場的方程在任何情況下都必須得到滿足。但這個條件無論如何也太過分了。因為很明顯的，比如由質點在它的周圍所產生的引力場，肯定不能通過座標系的選擇而被「變換掉」，也就是說，它不能變換成常數 $g_{\mu\nu}$ 的情況。

⑨ 由 §12，只有在第二階（和第一階）導數之間，$B^\rho_{\mu\sigma\tau}=0$ 這些關係才存在。——英譯者

　　由此容易想到，對於無物質的引力場，應當要求從張量 $B^{\rho}_{\mu\nu\tau}$ 導出的對稱張量 $B_{\mu\nu}$ 等於零。這樣，我們得到了關於 10 個 $g_{\mu\nu}$ 量的 10 個方程，它們在那種 $B^{\rho}_{\mu\nu\tau}$ 全都等於零的特殊情況下是滿足的。通過我們對座標系的選取，又考慮到（44），無物質場的方程是

(47)
$$\begin{cases} \dfrac{\partial \Gamma^{\alpha}_{\mu\nu}}{\partial x_{\alpha}} + \Gamma^{\alpha}_{\mu\beta}\Gamma^{\beta}_{\nu\alpha} = 0 \text{ ，} \\ \sqrt{-g} = 1 \text{ 。} \end{cases}$$

　　必須指出，這些方程的選擇，只有極少的任意性。因為除了 $B_{\mu\nu}$ 以外，就沒有這樣的二階張量，它是由 $g_{\mu\nu}$ 及其導數構成而又不含有高於二階的導數，並且是這些導數的線性式。⑩

　　從廣義相對論的要求出發，通過純粹數學的方法得到的這些方程，它們同運動方程(46)結合起來，在第一級近似上給出了牛頓的引力定律，在第二級近似上給出了一個關於勒威耶（Le Verrier）所發現的（在作了關於攝動的校正以後還保留下來的）水星近日點的運動的解釋，在我看來，這些事實必須被看作是這一理論的物理正確性的令人信服的證明。

§15．關於引力場的哈密頓函數動量能量定律

　　要證明場方程適應於動量能量定律，最方便的是把它們寫成如下的哈密頓形式：

(47a)
$$\begin{cases} \delta\left\{\displaystyle\int H d\tau\right\} = 0 \text{ ，} \\ H = g^{\mu\nu}\Gamma^{\alpha}_{\mu\beta}\Gamma^{\beta}_{\nu\alpha} \text{ ，} \\ \sqrt{-g} = 1 \text{ 。} \end{cases}$$

⑩ 確切地說來，這只對於張量

$$B_{\mu\nu} + \lambda g_{\mu\nu}(g^{\alpha\beta}B_{\alpha\beta})$$

才能這樣斷言（此處 λ 是一常數）。但如果我們置這個張量等於零，我們就又回到方程 $B_{\mu\nu} = 0$ 了。——英譯者

這裏，這些變分在所考查的有限的四維積分空間的邊界上都等於零。

首先必須證明，形式 (47a) 同方程(47)是等效的。為了這個目的，我們把 H 看作是 $g^{\mu\nu}$ 和

$$g^{\mu\nu}_\sigma\left(=\frac{\partial g^{\mu\nu}}{\partial x_\sigma}\right)$$

的函數。由此，首先得出

$$\delta H = \Gamma^\alpha_{\mu\beta}\Gamma^\beta_{\nu\alpha}\delta g^{\mu\nu} + 2g^{\mu\nu}\Gamma^\alpha_{\mu\beta}\Gamma^\beta_{\nu\alpha} = -\Gamma^\alpha_{\mu\beta}\Gamma^\beta_{\nu\alpha}\delta g^{\mu\nu} + 2\Gamma^\alpha_{\mu\beta}\delta(g^{\mu\nu}\Gamma^\beta_{\nu\alpha})。$$

但現在

$$\delta(g^{\mu\nu}\Gamma^\beta_{\nu\alpha}) = -\frac{1}{2}\delta\left[g^{\mu\nu}g^{\beta\lambda}\left(\frac{\partial g_{\nu\lambda}}{\partial x_\alpha} + \frac{\partial g_{\alpha\lambda}}{\partial x_\nu} - \frac{\partial g_{\alpha\nu}}{\partial x_\lambda}\right)\right]。$$

由圓括號中最後兩項所產生的項是帶有不同的正負號的，並且可以通過互相對調指標 μ 和 β (因為累加指標的記號是無關緊要的) 而得到。它們在 δH 的式中互相抵消了，因為它們都是同一個對於指標 μ 和 β 是對稱的量 $\Gamma^\alpha_{\mu\beta}$ 相乘的緣故。這樣，圓括號裏只剩下第一項是要考慮的，因此，我們考慮到 (31)，就得到

$$\delta H = -\Gamma^\alpha_{\mu\beta}\Gamma^\beta_{\nu\alpha}\delta g^{\mu\nu} + \Gamma^\alpha_{\mu\beta}\delta g^{\mu\beta}_\alpha$$

所以

$$(48)\qquad\begin{cases}\dfrac{\partial H}{\partial g^{\mu\nu}} = -\Gamma^\alpha_{\mu\beta}\Gamma^\beta_{\nu\alpha}， \\[2mm] \dfrac{\partial H}{\partial g^{\mu\nu}_\sigma} = \Gamma^\alpha_{\mu\beta}\end{cases}$$

在 (47a) 中進行變分，我們首先得出下列方程組

$$(47b)\qquad \frac{\partial}{\partial x_\alpha}\left(\frac{\partial H}{\partial g^{\mu\nu}_\alpha}\right) - \frac{\partial H}{\partial g^{\mu\nu}} = 0，$$

由於 (48)，這方程組是同 (47) 一致的，而這是要加以證明的。

如果我們把 (47b) 乘以 $g^{\mu\nu}_\sigma$，又因為

$$\frac{\partial g^{\mu\nu}_\alpha}{\partial x_\alpha} = \frac{\partial g^{\mu\nu}_\alpha}{\partial x_\sigma}，$$

並且由此推出

$$g^{\mu\nu}_\sigma = \frac{\partial}{\partial x_\alpha}\left(\frac{\partial H}{\partial g^{\mu\nu}_\alpha}\right) = \frac{\partial}{\partial x_\alpha}\left(g^{\mu\nu}_\sigma\frac{\partial H}{\partial g^{\mu\nu}_\alpha}\right) - \frac{\partial H}{\partial g^{\mu\nu}_\alpha}\frac{\partial g^{\mu\nu}_\alpha}{\partial x_\sigma}，$$

那麼我們就得到下列方程

$$\frac{\partial}{\partial x_\alpha}\left(g_\sigma^{\mu\nu}\frac{\partial H}{\partial g_\alpha^{\mu\nu}}\right) - \frac{\partial H}{\partial x_\sigma} = 0 \text{ , }$$

或者⑪

(49)
$$\begin{cases} \dfrac{\partial t_\sigma^\alpha}{\partial x_\alpha} = 0 \text{ , } \\[2mm] -2\kappa t_\sigma^\alpha = g_\sigma^{\mu\nu}\dfrac{\partial H}{\partial g_\alpha^{\mu\nu}} - \delta_\sigma^\alpha H \text{ , } \end{cases}$$

此處，由於（48），（47）的第二個方程以及（34），

(50)
$$\kappa t_\sigma^\alpha = \frac{1}{2}\delta_\sigma^\alpha g^{\mu\nu}\Gamma_{\mu\beta}^\lambda\Gamma_{\nu\lambda}^\beta - g^{\mu\nu}\Gamma_{\mu\beta}^\alpha\Gamma_{\nu\sigma}^\beta$$

要注意，t_σ^α 不是一個張量；另一方面，對於一切使 $\sqrt{-g}=1$ 的座標系，（49）都是成立的。這個方程表示關於引力場的動量和能量守恆定律。實際上，這個方程關於**三維體積** V 的積分給出了四個方程

(49a)
$$\frac{d}{dx_4}\int t_\sigma^4 dV = \int (t_\sigma^1 a_1 + t_\sigma^2 a_2 + t_\sigma^3 a_3)dS \text{ , }$$

此處 a_1、a_2、a_3 表示在邊界曲面的元素 dS 上（在歐幾里得幾何的意義上）向內所引的法線的方向餘弦。在這裏我們認出了通常形式的守恆定律的表示式。t_σ^α 這些量我們稱之為引力場的「能量分量」。

我們現在還要給方程（47）以第三種形式，這種形式對於生動地理解我們的課題是特別有用的。把場方程（47）乘以 $g^{\nu\sigma}$ 得出這些以「混合」形式出現的方程。我們注意到

$$g^{\nu\sigma}\frac{\partial \Gamma_{\mu\nu}^\alpha}{\partial x_\alpha} = \frac{\partial}{\partial x_\alpha}(g^{\nu\sigma}\Gamma_{\mu\nu}^\alpha) - \frac{\partial g^{\nu\sigma}}{\partial x_\alpha}\Gamma_{\mu\nu}^\alpha \text{ , }$$

由於（34），這個量等於

⑪所以要引進因數 -2κ 的理由以後會明白。——英譯者

$$\frac{\partial}{\partial x_a}(g^{\nu\sigma}\Gamma^a_{\mu\nu}) - g^{\nu\beta}\Gamma^\sigma_{\alpha\beta}\Gamma^a_{\mu\nu} - g^{\sigma\beta}\Gamma^\nu_{\beta\alpha}\Gamma^a_{\mu\nu},$$

或者（按照改變了的累加指標的符號）等於

$$\frac{\partial}{\partial x_a}(g^{\sigma\beta}\Gamma^a_{\mu\beta}) - g^{mn}\Gamma^\sigma_{m\beta}\Gamma^\beta_{n\mu} - g^{\nu\sigma}\Gamma^a_{\mu\beta}\Gamma^\beta_{\nu\alpha}。$$

這個式的第三項同那個由場方程（47）的第二項所產生的項相消；根據關係（50），這個式的第二項可代之以

$$\kappa\left(t^\sigma_\mu - \frac{1}{2}\delta^\sigma_\mu t\right),$$

此處 $t = t^a_a$。由此，代替方程（47），我們得到

(51)
$$\begin{cases} \dfrac{\partial}{\partial x_a}(g^{\sigma\beta}\Gamma^a_{\mu\beta}) = -\kappa\left(t^\sigma_\mu - \dfrac{1}{2}\delta^\sigma_\mu t\right), \\ \sqrt{-g} = 1 \end{cases}$$

§16. 引力的場方程的一般形式

在上節中所建立的無物質的空間的場方程可同牛頓理論的場方程

$$\Delta\varphi = 0$$

相比較。我們現在要尋求一個對應於泊松方程

$$\Delta\varphi = 4\pi\kappa\rho$$

的方程，此處 ρ 表示物質的密度。

狹義相對論已得到了這樣的結論：慣性質量不是別的，而是能量，它在一個二階的對稱張量（即能量張量）中找到了它的完備的數學表示。由此，在廣義相對論中，我們也必須引進一個物質的能量張量 T^σ_β，它像引力場的能量分量 t^σ_β〔方程（49）和（50）〕那樣具有混合的特徵，但是屬於一個對稱的協變張量。[12]

方程組（51）表明，這個能量張量（對應於泊松方程中的密度 ρ）

---

[12] $g_{a\tau}T^a_\sigma = T_{\sigma\tau}$ 和 $g^{a\tau}T^\sigma_\sigma = T^{\sigma\tau}$ 都應是對稱張量。——英譯者

是怎樣被引進引力場方程中的。因為，如果我們考查一個完整的體系
（比如太陽系），那麼這個體系的總質量，從而還有它的總引力作用，
將與這一體系的總能量，因而也與有質（ponderable）能量和引力能
量有關。這種情況可以這樣來表示：在（51）中引進物質的能量分量
與引力場的能量分量的和 $t_\mu^\sigma + T_\mu^\sigma$ 來代替單獨的引力場的能量分量
t_μ^σ。由此，我們得到下列張量方程來代替（51）：

$$(52) \quad \begin{cases} \dfrac{\partial}{\partial x_\alpha}(g^{\sigma\beta}\Gamma_{\mu\beta}^\alpha) = -\kappa\left[(t_\mu^\sigma + T_\mu^\nu) - \dfrac{1}{2}\delta_\mu^\sigma(t+T)\right], \\ \sqrt{-g} = 1, \end{cases}$$

此處我們置 $T = T_\mu^\mu$（勞厄標量）。這就是所探索的關於引力的一般場
方程的混合形式。由此倒推回去，我們得到代替（47）的下列方程：

$$(53) \quad \begin{cases} \dfrac{\partial \Gamma_{\mu\nu}^\alpha}{\partial x_\alpha} + \Gamma_{\mu\beta}^\alpha \Gamma_{\nu\alpha}^\beta = -\kappa\left(T_{\mu\nu} - \dfrac{1}{2}g_{\mu\nu}T\right), \\ \sqrt{-g} = 1 \, 。 \end{cases}$$

必須承認，這樣來引進物質的能量張量，並不能單靠相對性公設
來證明是正確的；因此，在前面我們是從這樣的要求來導出它的，即
引力場的能量應當像任何別種能量一樣，以同樣方式起著引力的作
用。但是選擇上述這些方程的最有力的根據還在於它們有這樣的結
果：對於總能量的分量，（動量和能量的）守恆方程是成立的，這些方
程嚴格對應於方程（49）和（49a）。這將要在下一節中加以證明。

§17. 一般情況下的守恆定律

不難把方程（52）改變形式，使其右邊的第二項等於零。對（52）
進行關於指標 μ 和 σ 的降階，並且把這樣得到的方程乘以 $\dfrac{1}{2}\delta_\mu^\sigma$，然後
在方程（52）中減去它。於是得出

$$(52a) \quad \frac{\partial}{\partial x_\alpha}\left(g^{\sigma\beta}\Gamma_{\mu\beta}^\alpha - \frac{1}{2}\delta_\mu^\sigma g^{\lambda\beta}\Gamma_{\lambda\beta}^\alpha\right) = -\kappa(t_\mu^\sigma + T_\mu^\sigma)。$$

對這個方程施以運算 $\partial/\partial x_\sigma$。我們得到

$$\frac{\partial^2}{\partial x_\alpha \partial x_\sigma}(g^{\sigma\beta}\Gamma^\alpha_{\mu\beta}) = -\frac{1}{2}\frac{\partial^2}{\partial x_\alpha \partial x_\sigma}\left[g^{\sigma\beta}g^{\alpha\lambda}\left(\frac{\partial g_{\mu\lambda}}{\partial x_\beta} + \frac{\partial g_{\beta\lambda}}{\partial x_\mu} - \frac{\partial g_{\mu\beta}}{\partial x_\lambda}\right)\right]。$$

圓括號中的第一項和第三項所貢獻的部分互相抵消了，我們只要在第三項的貢獻中，把累加指標 α 和 σ 作為一方，β 和 λ 作為另一方來對調，就可看出。第二項可按照（31）進行改寫，由此我們得到

$$(54) \qquad \frac{\partial^2}{\partial x_\alpha \partial x_\sigma}(g^{\sigma\beta}\Gamma^\alpha_{\mu\beta}) = \frac{1}{2}\frac{\partial^3 g^{\alpha\beta}}{\partial x_\alpha \partial x_\beta \partial x_\mu}。$$

（52a）的左邊第二項首先給出

$$-\frac{1}{2}\frac{\partial^2}{\partial x_\alpha \partial x_\mu}(g^{\lambda\beta}\Gamma^\alpha_{\lambda\beta}),$$

或者

$$\frac{1}{4}\frac{\partial^2}{\partial x_\alpha \partial x_\mu}\left[g^{\lambda\beta}g^{\alpha\delta}\left(\frac{\partial g_{\delta\lambda}}{\partial x_\beta} + \frac{\partial g_{\delta\beta}}{\partial x_\lambda} - \frac{\partial g_{\lambda\beta}}{\partial x_\delta}\right)\right]。$$

對於我們所選定的座標，圓括號裏最後一項所產生的由於（29）而消失了。另外兩項可以結合在一起，並且由（31），它們共同給出

$$-\frac{1}{2}\frac{\partial^3 g^{\alpha\beta}}{\partial x_\alpha \partial x_\beta \partial x_\mu},$$

因此，考慮到（54），我們得到恆等式[13]

$$(55) \qquad \frac{\partial^2}{\partial x_\alpha \partial x_\sigma}\left(g^{\sigma\beta}\Gamma^\alpha_{\mu\beta} - \frac{1}{2}\delta^\sigma_\mu g^{\lambda\beta}\Gamma^\alpha_{\lambda\beta}\right) = 0。$$

從（55）和（52a），得出

$$(56) \qquad \frac{\partial(t^\sigma_\mu + T^\sigma_\mu)}{\partial x_\sigma} = 0。$$

因此，從我們的引力場方程得知，動量和能量的守恆定律是滿足的。人們從導致方程（49a）的考慮中最容易看出這一點；所不同的是，這裏我們必須引進物質的和引力場的總能量分量，以代替引力場的能量分量 t^σ_μ。

[13] 德文本和英譯本中 $g^{\sigma\beta}\Gamma^\alpha_{\mu\beta}$ 都誤為 $g^{\alpha\beta}\Gamma_{\mu\beta}$。——中譯者

§18.作爲場方程結果的物質的動量能量定律

我們把 (53) 乘以 $\partial g^{\mu\nu}/\partial x_\sigma$，那麼由 § 15 中所採用的方法，並鑒於

$$g_{\mu\nu}\frac{\partial g^{\mu\nu}}{\partial x_\sigma}$$

等於零，我們就得到方程

$$\frac{\partial t_\sigma^a}{\partial x_a}+\frac{1}{2}\frac{\partial g^{\mu\nu}}{\partial x_\sigma}T_{\mu\nu}=0，$$

或者鑒於 (56)，得到

(57) $$\frac{\partial T_\sigma^a}{\partial x_a}+\frac{1}{2}\frac{\partial g^{\mu\nu}}{\partial x_\sigma}T_{\mu\nu}=0。$$

同 (41b) 相比較，表明對於我們所選定的座標系，這個方程正好斷定了物質的能量分量的張量的散度等於零。在物理上，左邊第二項的出現表明，在嚴格意義上動量和能量守恆定律單單對於物質是不成立的，而只有當 $g^{\mu\nu}$ 都是常數時，即引力場強度等於零時，它們才成立。這個第二項表示每單位體積和單位時間從引力場輸送到物質上去的動量和能量。如果我們在 (41) 的意義下把 (57) 改寫成

(57a) $$\frac{\partial T_\sigma^a}{\partial x_a}=-\Gamma_{a\sigma}^\beta T_\beta^a，$$

那麼這就更加明顯了。這方程的右邊表示引力場對物質的能量方面的影響。

因此這些引力場方程同時包含著物質現象過程所必須滿足的四個條件。它們完備地給出了物質現象過程的方程，只要物質現象過程是能夠用四個彼此獨立的微分方程來表徵。[14]

[14] 關於這個問題，參見 D. Hilbert，《哥丁根科學會通報》，數學物理學部分 (*Nachr. d. K. Gesellsch. d. Wiss. zu Göttingen, Math.-phys. Klasse*)，1915 年，第 3 頁。—— 英譯者

D.「物質」現象過程

在 B 部分所發展的數學工具，使我們能夠立刻像狹義相對論所表述的那樣對那些關於物質的物理定律（流體動力學，馬克士威的電動力學）進行推廣，使它們適合於廣義相對論。在那裏，廣義相對性原理固然沒有對可能性加以更多的限制；但它卻使我們不必引進任何新假設，就能準確地認識到引力場對一切過程的影響。

這種推演帶來的結果是，沒有必要對（狹義上的）物質的物理本性引進確定的假設。特別是電磁場理論與引力場理論一起是否能為物質理論提供一個充分的基礎，這仍然可以是個懸而未決的問題。廣義相對性公設在原則上不能就這方面告訴我們任何東西。這必須等到建成了這理論才可看出，電磁學與引力學說合起來究竟能否完成前者單獨所不能完成的任務。

§19.關於無摩擦絕熱流體的尤拉方程

設 p 和 ρ 是兩個標量，其中前者我們叫流體的「壓強」，後者叫流體的「密度」，並設它們之間有一個方程存在。設抗變對稱張量

$$(58) \qquad T^{\alpha\beta} = -g^{\alpha\beta}p + \rho\frac{dx_\alpha}{ds}\frac{dx_\beta}{ds}$$

是流體的抗變能量張量。附屬於它有協變張量

$$(58a) \qquad T_{\mu\nu} = -g_{\mu\nu}p + g_{\mu\alpha}\frac{dx_\alpha}{ds}g_{\nu\beta}\frac{dx_\beta}{ds}\rho \text{，}$$

以及混合張量[15]

---

[15] 如果一位觀察者對於無限小區域使用一個狹義相對論意義上的參考座標系，並且同它一起運動，那麼在他看來，能量密度 T_4^4 等於 $\rho-p$。這就給出了 ρ 的定義。因此，對不可壓縮的流體，ρ 不是常數。——英譯者

(58b) $$T_\sigma^a = -\delta_\sigma^a p + g_\sigma^\beta + \frac{dx_\beta}{ds}\frac{dx_a}{ds}\rho 。$$

如果我們把 (58b) 的右邊代入 (57a)，那麼我們就得到廣義相對論的尤拉流體動力學方程。它們在原則上完全解決了運動問題；因為 (57a) 的四個方程加上 p 和 ρ 之間的已知方程，以及下列方程

$$g_{a\beta}\frac{dx_a}{ds}\frac{dx_\beta}{ds} = 1 ，$$

在 $g_{a\beta}$ 是已知時，就足以確定六個未知數

$$p 、 \rho 、 \frac{dx_1}{ds} 、 \frac{dx_2}{ds} 、 \frac{dx_3}{ds} 和 \frac{dx_4}{ds} 。$$

如果 $g_{\mu\nu}$ 也是未知的，那麼還得引用方程 (53)。這是確定 10 個函數 $g_{\mu\nu}$ 的 11 個方程，所以這些函數好像是被過分確定了。然而應當注意到，方程 (57a) 已經包含在方程 (53) 裏面了，所以後者只代表七個獨立的方程。這種不確定性的充分理由就在於對座標選取有著廣泛的自由，而這就必然使得這問題在數學上保持了這樣的不確定程度，以致使空間函數中有三個是可以任意選取的。⑯

§20. 馬克士威的真空電磁場方程

設 φ_ν 是一個協變四元向量——電磁勢四元向量——的各個分量。根據 (36)，我們可由它們按照下列方程組

(59) $$F_{\rho\sigma} = \frac{\partial \varphi_\nu}{\partial x_\sigma} - \frac{\partial \varphi_\sigma}{\partial x_\rho}$$

構成電磁場協變六元向量的分量 $F_{\rho\sigma}$。由 (59) 得知，方程組

(60) $$\frac{\partial F_{\rho\sigma}}{\partial x_\tau} + \frac{\partial F_{\sigma\tau}}{\partial x_\rho} + \frac{\partial F_{\tau\rho}}{\partial x_\sigma} = 0 。$$

是滿足的，根據 (37)，知其左邊是一個三階的反對稱張量。因而方程組 (60) 實質上包含四個方程，其形式如下：

⑯ 在放棄按照 $g = -1$ 的條件來選取座標時，就留下四個可自由選擇的空間函數，它們相當於我們在選取座標時可以自由處理的四個任意函數。——英譯者

$$(60a) \quad \begin{cases} \dfrac{\partial F_{23}}{\partial x_4} + \dfrac{\partial F_{34}}{\partial x_2} + \dfrac{\partial F_{42}}{\partial x_3} = 0 \text{ ，} \\[2mm] \dfrac{\partial F_{34}}{\partial x_1} + \dfrac{\partial F_{41}}{\partial x_3} + \dfrac{\partial F_{13}}{\partial x_4} = 0 \text{ ，} \\[2mm] \dfrac{\partial F_{41}}{\partial x_2} + \dfrac{\partial F_{12}}{\partial x_4} + \dfrac{\partial F_{24}}{\partial x_1} = 0 \text{ ，} \\[2mm] \dfrac{\partial F_{12}}{\partial x_3} + \dfrac{\partial F_{23}}{\partial x_1} + \dfrac{\partial F_{31}}{\partial x_2} = 0 \text{ 。} \end{cases}$$

這個方程組對應於馬克士威的第二方程組。我們只要置

$$(61) \quad \begin{cases} F_{23} = \mathfrak{h}_x \text{ ，} F_{14} = e_x \text{ ，} \\ F_{31} = \mathfrak{h}_y \text{ ，} F_{24} = e_y \text{ ，} \\ F_{12} = \mathfrak{h}_z \text{ ，} F_{34} = e_z \text{ ，} \end{cases}$$

就可立即認出這一點。因此我們可用通常的三維向量分析的寫法來代替 (60a)，寫成

$$(60b) \quad \begin{cases} \dfrac{\partial \mathfrak{h}}{\partial t} + \mathrm{rot}\, e = 0 \text{ ，} \\[2mm] \mathrm{div}\, \mathfrak{h} = 0 \text{ 。} \end{cases}$$

通過推廣閔可夫斯基所提出的形式，我們得到馬克士威的第一方程組。我們引進從屬於 $F^{\alpha\beta}$ 的抗變六元向量

$$(62) \qquad F^{\mu\nu} = g^{\mu\alpha} g^{\nu\beta} F_{\alpha\beta} \text{ 。}$$

以及真空電流密度的抗變四元向量 J^μ。然後，考慮到 (40)，我們可以列出對於行列式是 1（依照我們所選取的座標）的任意代換都不變的方程組：

$$(63) \qquad \dfrac{\partial}{\partial x_\nu} F^{\mu\nu} = J^\mu \text{ 。}$$

因為我們設

$$(64) \quad \begin{cases} F^{23} = \mathfrak{h}'_x \text{ ，} F^{14} = -e'_x \text{ ，} \\ F^{31} = \mathfrak{h}'_y \text{ ，} F^{24} = -e'_y \text{ ，} \\ F^{12} = \mathfrak{h}'_z \text{ ，} F^{34} = -e'_z \text{ ，} \end{cases}$$

這些量在狹義相對論的特殊情況下等於 $\mathfrak{h}_x \cdots e_z$ 這些量；此外，又設

$$J^1 = i_x, \ J^2 = i_y, \ J^3 = i_z, \ J^4 = \rho,$$

那麼代替（63），我們得到

(63a)
$$\begin{cases} \mathrm{rot}\mathfrak{h}' - \dfrac{\partial e'}{\partial t} = i, \\ \mathrm{div}\, e' = \rho. \end{cases}$$

根據我們對於座標選擇所作的約定，方程（60）、（62）和（63）因而構成了馬克士威的眞空場方程的推廣。

電磁場的能量分量　我們作內積

(65)
$$\kappa_\sigma = F_{\sigma\mu} J^\mu.$$

依照（61），它的分量寫成如下三維的形式

(65a)
$$\begin{cases} \kappa_1 = \rho e_x + [i, \mathfrak{h}]_x, \\ \cdots\cdots\cdots\cdots\cdots \\ \kappa_4 = -(i, e). \end{cases}$$

κ_σ 是一個協變四元向量，它的分量分別等於帶電物體每單位時間和單位體積輸送給電磁場的負動量或者能量。如果這些帶電物體是自由的，也就是說，它們只受到電磁場的影響，那麼協變四元向量 κ_σ 就會等於零。

要得到電磁場的能量分量 T_σ^ν，我們只要給方程 $\kappa_\sigma = 0$ 以方程（57）的形式。由（63）和（65），就首先得出[17]

$$\kappa_\sigma = F_{\sigma\mu} \frac{\partial F^{\mu\nu}}{\partial x_\nu} = \frac{\partial}{\partial x_\nu}(F_{\sigma\mu} F^{\mu\nu}) - F^{\mu\nu} \frac{\partial F_{\sigma\mu}}{\partial x_\nu}.$$

右邊第二項，按照（60），允許改寫成：

$$F^{\mu\nu} \frac{\partial F_{\sigma\mu}}{\partial x_\nu} = -\frac{1}{2} F^{\mu\nu} \frac{\partial F_{\mu\nu}}{\partial x_\sigma} = -\frac{1}{2} g^{\mu\alpha} g^{\nu\beta} F_{\alpha\beta} \frac{\partial F_{\mu\nu}}{\partial x_\sigma}.$$

由於對稱的緣故，這後一表示式也可寫成如下形式：

$$-\frac{1}{4}\left[g^{\mu\alpha} g^{\nu\beta} F_{\alpha\beta} \frac{\partial F_{\mu\nu}}{\partial x_\sigma} + g^{\mu\alpha} g^{\nu\beta} \frac{\partial F_{\alpha\beta}}{\partial x_\sigma} F_{\mu\nu} \right].$$

但這可以寫成

[17] 下式中最後一項中的 $F^{\mu\nu}$ 原文誤爲 $F^{\mu\rho}$。——中譯者

$$-\frac{1}{4}\frac{\partial}{\partial x_\sigma}(g^{\mu\alpha}g^{\nu\beta}F_{\alpha\beta}F_{\mu\nu})+\frac{1}{4}F_{\alpha\beta}F_{\mu\nu}\frac{\partial}{\partial x_\sigma}(g^{\mu\alpha}g^{\nu\beta})\text{。}$$

其中第一項可寫成如下較簡短的形式

$$-\frac{1}{4}\frac{\partial}{\partial x_\sigma}(F^{\mu\nu}F_{\mu\nu})\text{。}$$

第二項經過微分，並作一些改寫以後，得出⑱

$$-\frac{1}{2}F^{\mu\tau}F_{\mu\nu}g^{\nu\rho}\frac{\partial g_{\sigma\tau}}{\partial x_\sigma}\text{。}$$

如果我們把所有算出的三項合起來，那麼我們就得到如下關係

(66)
$$\kappa_\sigma=\frac{\partial T_\sigma^\nu}{\partial x_\nu}-\frac{1}{2}g^{\tau\mu}\frac{\partial g_{\mu\nu}}{\partial x_\sigma}T_\tau^\nu\text{，}$$

此處

(66a)
$$T_\sigma^\nu=-F_{\sigma\alpha}F^{\nu\alpha}+\frac{1}{4}\delta_\sigma^\nu F_{\alpha\beta}F^{\alpha\beta}\text{。}$$

由於（30），對於 $\kappa_\sigma=0$，方程（66）相當於（57）或者（57a）。因此 T_σ^ν 是電磁場的能量分量。借助於（61）和（64）我們不難證明，在狹義相對論的情況下，電磁場的這些能量分量就給出了著名的馬克士威一波因廷表示式。

由於我們始終使用那種使 $\sqrt{-g}=1$ 的座標系，我們現在導出了引力場和物質所遵循的最普遍規律。我們由此可以使公式和計算大大簡化，而我們用不著放棄廣義協變的要求；因為我們是從廣義協變方程中通過座標的特殊規定而得出我們的方程的。

在引力場的能量分量和物質的能量分量的相應推廣了的定義下，而又不要對座標系作特殊規定，是不是具有方程（56）這樣形式的守恆定律，以及方程（52）或者（52a）那樣的關於引力的場方程〔其左邊是一個散度（在通常的意義上），右邊是物質和引力的各個能量分量之和〕都成立，這個問題也還不是沒有形式上的興趣。我發覺這兩

⑱下式原文如此，其中 $\frac{\partial g_{\sigma\tau}}{\partial x_\sigma}$ 似係 $\frac{\partial g_{\rho\tau}}{\partial x_\sigma}$ 之誤。——中譯者

者實際上正是這樣。可我認爲不值得把我對這個問題頗爲廣泛的考慮講出來，因爲從中畢竟沒有得到什麼實質性的新東西。

E

§21. 牛頓理論作爲第一級近似

曾經不止一次地提到過，狹義相對論作爲廣義理論的一個特例，是由 $g_{\mu\nu}$ 具有常數值 (4) 來表徵的。按照前面已講過的，這意味著完全略去引力作用。當我們考慮到 $g_{\mu\nu}$ 同常數值 (4) 相差只是些微量（同 1 相比）的情況，並且略去第二級和更高級的微量，我們就得到一個比較接近於實在的近似（第一種近似觀點）。

另外要假定，在所考查的空間—時間領域裏，對於適當選取的座標，$g_{\mu\nu}$ 在空間無限遠處趨近於值 (4)；那就是說，我們所考慮的引力場，可以認爲是單單由有限區域裏的物質所產生的。

我們可以設想，這些微量的略去，必定引導到牛頓的理論。但要達到這個目的，我們還需要按照第二種觀點來近似地處理基本方程。我們考查一個遵照方程(46)的質點運動。在狹義相對論的情況下，這些分量

$$\frac{dx_1}{ds} \, \cdot \, \frac{dx_2}{ds} \, \text{和} \, \frac{dx_3}{ds}$$

可以取任何值；這就表明任何小於**眞空**中光速的速度 $(v < c)$

$$v = \sqrt{\left(\frac{dx_1}{dx_4}\right)^2 + \left(\frac{dx_2}{dx_4}\right)^2 + \left(\frac{dx_3}{dx_4}\right)^2}$$

都可出現。如果我們限於那種幾乎唯一能爲經驗所提供的情況，即 v 要比光速小得多的情況，那麼這就表示，這些分量

$$\frac{dx_1}{ds} \, \cdot \, \frac{dx_2}{ds} \, \text{和} \, \frac{dx_3}{ds}$$

是當作微量來處理的，而 dx_4/ds 在準確到第二級微量時都等於 1（第

二種近似觀點)。

現在我們注意到,根據第一種近似觀點,所有 $\Gamma_{\mu\nu}^{\tau}$ 這些量至少都是第一級的微量。所以看一下 (46) 就可明白,根據第二種近似觀點,在這個方程中,我們只要考慮那些 $\mu = \nu = 4$ 的項就行了。在限於那些最低階的項時,我們首先得到代替 (46) 的方程是

$$\frac{d^2 x_\tau}{dt^2} = \Gamma_{44}^{\tau} \text{,}$$

此外我們已知 $ds = dx_4 = dt$,或者在限於那些按照第一種近似觀點看來是第一階的項:

$$\frac{d^2 x_\tau}{dt^2} = \begin{bmatrix} 44 \\ \tau \end{bmatrix} (\tau = 1, 2, 3) \text{,}$$

$$\frac{d^2 x_4}{dt^2} = -\begin{bmatrix} 44 \\ 4 \end{bmatrix} \text{。}$$

如果我們還假設引力場是準靜態的(*quasi-statisch*)場,也就是使我們只限於產生引力場的物質只是緩慢地(同光的傳播速度相比)運動著的那種情況,那麼在同那些關於位置座標的導數作比較時,我們就可以在右邊略去關於時間的導數,由此我們得到

(67) $$\frac{d^2 x_\tau}{dt^2} = -\frac{1}{2} \frac{\partial g_{44}}{\partial x_\tau} (\tau = 1, 2, 3) \text{。}$$

這就是遵照牛頓理論的質點運動方程,在這裏,$g_{44}/2$ 起著引力勢的作用。在這結果裏值得注意的是,在第一級近似中,只有基本張量的分量 g_{44} 單獨決定著質點的運動。

我們現在轉到場方程 (53)。這裏我們必須考慮到,「物質」的能量張量幾乎完全是由狹義的物質的密度 ρ 來決定的,也就是說是由 (58)〔或者分別由 (58a) 或 (58b)〕右邊的第二項來決定的。如果我們作了我們感興趣的近似,那麼除了一個分量 $T_{44} = \rho = T$ 之外,其餘一切分量都等於零。(53) 左邊的第二項是第二級的微量:在我們所感興趣的近似中,第一項給出了

$$+\frac{\partial}{\partial x_1}\begin{bmatrix} \mu\nu \\ 1 \end{bmatrix}+\frac{\partial}{\partial x_2}\begin{bmatrix} \mu\nu \\ 2 \end{bmatrix}+\frac{\partial}{\partial x_3}\begin{bmatrix} \mu\nu \\ 3 \end{bmatrix}-\frac{\partial}{\partial x_4}\begin{bmatrix} \mu\nu \\ 4 \end{bmatrix}\circ$$

對於 $\mu=\nu=4$，略去關於時間微分的那些項，就得出

$$-\frac{1}{2}\left(\frac{\partial^2 g_{44}}{\partial x_1^2}+\frac{\partial^2 g_{44}}{\partial x_2^2}+\frac{\partial^2 g_{44}}{\partial x_3^2}\right)=-\frac{1}{2}\,\Delta g_{44}\circ$$

(53) 的最後一個方程因而給出

(68) $$\Delta g_{44}=\kappa\rho\circ$$

(67) 和 (68) 這些方程合起來，就相當於牛頓的引力定律。

由 (67) 和 (68)，引力勢的表示式就成為

(68a) $$-\frac{\kappa}{8\pi}\int\frac{\rho d\tau}{r},$$

而對我們所選取的時間單位，由牛頓理論得出

$$-\frac{K}{c^2}\int\frac{\rho d\tau}{r},$$

這裏的 K 代表常數，$6.7\cdot10^{-8}$，通常叫作引力常數。通過比較，得出

(69) $$\kappa=\frac{8\pi K}{c^2}=1.87\cdot10^{-27}\circ$$

§22. 靜引力場中量桿和時鐘的性狀　光線的彎曲　行星軌道近日點的運動

為要得到作為第一級近似的牛頓理論，我們只需要算出引力勢 10 個分量 $g_{\mu\nu}$ 中的一個分量 g_{44}，因為唯有這個分量才進入引力場中質點運動方程 (67) 的第一級近似。同時由此我們已可看出，$g_{\mu\nu}$ 的其他分量還必須同 (4) 所給出的值在第一級近似下有所偏離，而後者是條件 $g=-1$ 所要求的。

對於一個位於座標系原點上作為場源的質點，就第一級近似來說，我們得到徑向對稱解：

$$
(70) \quad
\begin{cases}
g_{\rho\sigma} = -\delta_{\rho\sigma} - \alpha \dfrac{x_\rho x_\sigma}{r^3} \ (\rho \text{ 和 } \sigma \text{ 在 1 和 3 之間}); \\[2mm]
g_{\rho4} = g_{4\rho} = 0 \ (\rho \text{ 在 1 和 3 之間}); \\[2mm]
g_{44} = 1 - \dfrac{\alpha}{r};
\end{cases}
$$

此處的 $\delta_{\rho\sigma}$ 是 1 或者 0，分別取決於 $\rho = \sigma$ 還是 $\rho \neq \sigma$；r 是下面的量：

$$+\sqrt{x_1^2 + x_2^2 + x_3^2}。$$

這裏由於 (68a)，而得到

$$(70\text{a}) \qquad \alpha = \frac{\kappa M}{4\pi},$$

只要 M 是表示產生場的質量。不難證明，就第一級近似而論，這個解滿足了（在這質點外面的）場方程。

我們現在來考查質量 M 的場對於空間的度規性質所產生的影響。在以「局部」座標系（§ 4）所量得的長度和時間 ds 作為一方，以座標差 dx_ν 作為另一方，兩者之間總是存在著如下的關係

$$ds^2 = g_{\mu\nu} dx_\mu dx_\nu。$$

比如，對於一根同 x 軸「平行」放著的單位量桿，我們必須使

$$ds^2 = -1 ; dx_2 = dx_3 = dx_4 = 0,$$

由此，

$$-1 = g_{11} dx_1^2。$$

如果加上單位量桿是在 x 軸上的，那麼 (70) 的第一個方程就得出

$$g_{11} = -\left(1 + \frac{\alpha}{r}\right)。$$

由這兩關係在準確到第一級近似中得出

$$(71) \qquad dx = 1 - \frac{\alpha}{2r}。$$

如果這根單位量桿是沿半徑放著，由於引力場的存在，這根單位量桿對於座標系來說，就好像要縮短前面所求得的一定數值。

以類似的方式，比如，如果我們置

$$ds^2 = -1 \; ; \; dx_1 = dx_3 = dx_4 = 0 \; ; \; x_1 = r \, , \; x_2 = x_3 = 0 \, ,$$

我們就得到切線方向上它的座標長度。其結果是

$$(71a) \qquad\qquad -1 = g_{22}dx_2^2 = -dx_2^2 \, 。$$

因此，在切線位置上，這質點的引力場對桿的長度沒有影響。

如果我們不管桿的位置和取向，都要認為同一根桿總是體現為同一間距，那麼在引力場中，即使就第一級近似來說，歐幾里得幾何也就不再成立。儘管如此，但看一下（70a）和（69）就可明白，所期望的這種偏差實在是太小了，以致不是地面上的量度所能覺察得到的。

進一步，讓我們來考查一隻靜止地放在靜引力場中的單位鐘走的快慢。這裏，對於一個鐘週期來說，

$$ds = 1 \; ; \; dx_1 = dx_2 = dx_3 = 0 \, 。$$

因此

$$1 = g_{44}dx_4^2 \; ;$$

$$dx_4 = \frac{1}{\sqrt{g_{44}}} = \frac{1}{\sqrt{1+(g_{44}-1)}} = 1 - \frac{g_{44}-1}{2} \, ,$$

或者

$$(72) \qquad\qquad dx_4 = 1 + \frac{\kappa}{8\pi}\int\rho\frac{d\tau}{r} \, 。$$

所以，如果鐘是放在有重物體的近旁，它就要走得慢些。由此可知：從巨大星球表面射到我們這裏的光的譜線，必定顯得要向光譜的紅端移動。[19]

我們進一步來考查光線在靜引力場中的路程。根據狹義相對論，光速是由方程

$$-dx_1^2 - dx_2^2 - dx_3^2 + dx_4^2 = 0$$

得出的，所以根據廣義相對論，它也該由方程

$$(73) \qquad\qquad ds^2 = g_{\mu\nu}dx_\mu dx_\nu = 0$$

[19] 根據弗勞恩德里希（E. Freundlich）對於某些類型恆星的光譜觀察，表明這種效應是存在的，但還沒有對這一結論作過有決定性的核驗。——英譯者

得出。如果方向已知，即 $dx_1\!:\!dx_2\!:\!dx_3$ 這比率是已知的，那麼方程 (73) 就給出

$$\frac{dx_1}{dx_4} \ \text{、} \ \frac{dx_2}{dx_4} \ \text{和} \ \frac{dx_3}{dx_4}$$

這些量，從而也給出了歐幾里得幾何的意義上所定義的速度

$$\sqrt{\left(\frac{dx_1}{dx_4}\right)^2 + \left(\frac{dx_2}{dx_4}\right)^2 + \left(\frac{dx_3}{dx_4}\right)^2} = \gamma \ \text{。}$$

我們不難看出，如果 $g_{\mu\nu}$ 不是常數，光線的路程從這座標系看來必定是彎曲的。如果 n 是垂直於光傳播的方向，那麼惠更斯原理表明，光線〔在 $(\gamma，n)$ 平面中看來〕具有曲率 $-\partial\gamma/\partial n$。

我們考查這樣一道光線所經歷的曲率，它射過質量 M 近旁，相隔距離為 Δ. 如果我們照著附圖來選定座標系，那麼光線的總彎曲 B（如果凹向原點，算出來是正的）在足夠的近似程度內，可由

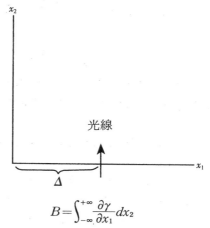

$$B = \int_{-\infty}^{+\infty} \frac{\partial\gamma}{\partial x_1} dx_2$$

得出，而 (73) 和 (70) 給出

$$\gamma = \sqrt{-\frac{g_{44}}{g_{22}}} = 1 - \frac{\alpha}{2r}\left(\frac{x_2^2}{r^2}\right) \ \text{。}$$

計算給出

(74)
$$B = \frac{2\alpha}{\Delta} = \frac{\kappa M}{2\pi\Delta} \circ$$

據此，光線經過太陽要受到 1.7″的彎曲；光線經過木星大約要受到 0.02″ 的彎曲。

如果我們把引力場計算到更高級的近似，並且也同樣以相應的準確度來計算一個具有相對無限小質量的質點的軌道運動，那麼我們就可得到下面形式的一種對克卜勒－牛頓行星運動定律的偏差。行星的軌道橢圓在軌道運動的方向上經受一種緩慢的轉動，這種轉動的量值是，每一公轉

(75)
$$\varepsilon = 24\pi^3 \frac{a^2}{T^2 c^2 (1-e^2)} \circ$$

在這公式中，a 表示長半軸，c 表示通常量度中得到的光速，e 表示離心率，T 是以秒來計量的公轉時間。[20]

關於水星，計算得出每 100 年軌道轉動 43″，這完全符合天文學家的觀測（勒威耶）；他們已經發現，由其他行星的攝動所無法說明的這個行星的近日點運動的剩餘部分，正是上述這個量。

---

[20] 在計算方面，我參考下列原始論文：A. Einstein，《普魯士科學院會議報告》(*Sitzungsber. d. Preuss. Akad. d. Wiss.*)，1915 年，第 831 頁；K. Schwarzschild，同上刊物，1916 年，第 189 頁。——英譯者

哈密頓原理和廣義相對論[①]

近來，H・A・洛倫茲和 D・希爾伯特[②] 以特別清晰的形式給出了廣義相對論，他們從單個變分原理推導出廣義相對論的方程。本文將作同樣的工作。但我在這裏的目的是以盡可能明白易懂的方式指出基本的聯繫，並且用從廣義相對論的觀點看來是可以允許的普遍術語來表述。特別是，我們將用盡可能少的特定假設，這與希爾伯特對此問題的處理形成鮮明的對照。另一方面，與我自己最近對這個問題的處理相對立，這兒在座標系的選擇上是完全自由的。

§1. 變分原理和引力與物質的場方程

讓我們像通常一樣用張量[③] $g_{\mu\nu}$（或 $g^{\mu\nu}$）來描述引力場；用任意數目的空間—時間函數 $q_{(\rho)}$ 來描述物質（包括電磁場）。我們並不關心

① 譯自 "*Hamiltonsches Princip und allgemeine Relativitätstheorie.*"《普魯士科學院會議報告》(*Sitzungsberichte der Preussischen Akad. Wissenschaften*)，1916 年。——英譯者

② Lorentz 的 4 篇論文在 *the Publications of the Koninkl. Akad. Van Wetensch. te Amsterdam.* 1915 年底至 1916 年中；D. Hilbert, Göttinger Nachr., 1915 年，第三部分。——英譯者

③ 目前沒有用到 $g_{\mu\nu}$ 的張量特性。——英譯者

這些函數在不變式理論中可以怎樣表徵。此外，設 $\mathfrak{H}$ 爲

$$g^{\mu\nu} \text{、} g_\sigma^{\mu\nu}\left(=\frac{\partial g^{\mu\nu}}{\partial x_\sigma}\right) \text{ 和 } g_{\sigma\tau}^{\mu\tau}\left(=\frac{\partial^2 g^{\mu\nu}}{\partial x_\sigma \partial x_\tau}\right) \text{ 及 } q_{(\rho)} \text{ 和 } q_{(\rho)\alpha}\left(=\frac{\partial q_{(\rho)}}{\partial x_\partial}\right)$$

的函數。那麼，變分原理

$$\text{(1)} \qquad \delta \int \mathfrak{H} d\tau = 0$$

就將給我們許多與函數 $g_{\mu\nu}$ 和 $q_{(\rho)}$ 個數相對應的微分方程式，如果 $g^{\mu\nu}$ 和 $q(\rho)$ 彼此獨立變化，那麼在積分邊界處，$\delta q(\rho)$、$\delta g_{\mu\nu}$ 和 $\dfrac{\delta(\partial g_{\mu\nu})}{\partial x_\sigma}$ 全都爲 0。

我們現在假設 $\mathfrak{H}$ 是 $g_{\sigma\tau}$ 的線性函數，而 $g_{\sigma\tau}^{\mu\nu}$ 的係數只依賴於 $g^{\mu\nu}$，那麼我們可以用一個對我們更方便的變分原理取代變分原理 (1)。因爲通過適當的部分積分，我們得到

$$\text{(2)} \qquad \int \mathfrak{H} d\tau = \int \mathfrak{H}^* d\tau + F$$

這裏 F 指在所研究的區域的邊界上的積分，而 $\mathfrak{H}^*$ 只依賴於 $g^{\mu\nu}$、$g_\sigma^{\mu\nu}$、$q_{(\rho)}$ 和 $q_{(\rho)\alpha}$，而不再依賴於 $g_{\sigma\tau}^{\mu\nu}$。從(2)我們得到，

$$\text{(3)} \qquad H = \frac{\mathfrak{H}}{\sqrt{-g}}$$

因爲這樣的變分是我們感興趣的，這樣我們可以用更方便的形式

$$\text{(1a)} \qquad \delta \int \mathfrak{H}^* d\tau = 0$$

替代變分原理 (1)。

通過實現 $g^{\mu\nu}$ 和 $q(\rho)$ 的變分，我們得到下列方程，

$$\text{(4)} \qquad \frac{\partial}{\partial x_\alpha}\left(\frac{\partial \mathfrak{H}^*}{\partial g_\alpha^{\mu\nu}}\right) - \frac{\partial \mathfrak{H}^*}{\partial g^{\mu\nu}} = 0$$

$$\text{(5)} \qquad \frac{\partial}{\partial x_\alpha}\left(\frac{\partial \mathfrak{H}^*}{\partial q_{(\rho)\alpha}}\right) - \frac{\partial \mathfrak{H}^*}{\partial q_{(\rho)}} = 0$$

作爲引力和物質的場方程④。

④ 爲了簡便起見，公式中的求和符號省去了。如果在一項中同一指標出現兩次，則應理解爲對它求和。比如在 (4) 中，$\dfrac{\partial}{\partial x_\alpha}\left(\dfrac{\partial \mathfrak{H}^*}{\partial g_\alpha^{\mu\nu}}\right)$ 表示 $\displaystyle\sum_\alpha \dfrac{\partial}{\partial x_\alpha}\left(\dfrac{\partial \mathfrak{H}^*}{\partial g_\alpha^{\mu\nu}}\right)$。——英譯者

§2.引力場的分立存在

如果我們不對 $\mathfrak{H}$ 依賴於 $g_{\mu\nu}$、$g_\sigma^{\mu\nu}$、$q_{(\rho)}$ 和 $q_{(\rho)\alpha}$ 的方式作出限制性的假設，那麼能量分量就不能被分成分屬引力場和物質的兩部分。爲了保證理論的這個特徵，我們作如下假設：

(6) $$\mathfrak{H}=\mathfrak{G}+\mathfrak{M}$$

其中 $\mathfrak{G}$ 僅與 $g^{\mu\nu}$、$g_\sigma^{\mu\nu}$ 有關，$\mathfrak{M}$ 僅與 $g^{\mu\nu}$、$q_{(\rho)}$ 和 $q_{(\rho)\alpha}$ 有關。則方程 (4) 和 (5) 就變成了如下形式：

(7) $$\frac{\partial}{\partial x_\alpha}\left(\frac{\partial \mathfrak{G}^*}{\partial g_\alpha^{\mu\nu}}\right)-\frac{\partial \mathfrak{G}^*}{\partial g^{\mu\nu}}=\frac{\partial \mathfrak{M}}{\partial g_\alpha^{\mu\nu}}$$

(8) $$\frac{\partial}{\partial x_\alpha}\left(\frac{\partial \mathfrak{M}}{\partial q_{(\rho)\alpha}}\right)-\frac{\partial \mathfrak{M}}{\partial q_{(\rho)}}=0$$

這裏 $\mathfrak{G}^*$ 與 $\mathfrak{G}$ 的關係和 $\mathfrak{H}^*$ 與 $\mathfrak{H}$ 的關係相同。

值得特別注意的是，如果我們假設 $\mathfrak{G}$ 或 $\mathfrak{H}$ 也依賴於 $q_{(\rho)}$ 的高階導數，那麼方程(8)或(5)就必須被別的方程所代替。可以想像，$q_{(\rho)}$ 不能被認定相互獨立的，而由條件方程聯繫在一起的。所有這些對下一步的發展都無甚重要，因爲它們僅僅基於方程(7)，而且是通過改變我們對 $g^{\mu\nu}$ 的積分找到的。

§3.以不變數理論爲條件的引力的場方程的性質

我們現在設

(9) $$ds^2=g_{\mu\nu}dx_\mu dx_\nu$$

是一個不變量，它決定了 $g_{\mu\nu}$ 的變換特性。關於描述物質的 $q_{(\rho)}$ 的變換特性，我們則不作假定。另一方面，設函數 $H=\dfrac{\mathfrak{H}}{\sqrt{-g}}$，$G=\dfrac{\mathfrak{G}}{\sqrt{-g}}$ 和 $M=\dfrac{\mathfrak{M}}{\sqrt{-g}}$ 都是相對於任何置換和空間—時間座標的不變量。根據這些假設，我們可以由（1）中導出方程（7）和（8）的廣義協變形式。

它還可推出，G（除了是一個常數因數之外）必須等於黎曼曲率張量的標量，因為沒有其他不變量具有 G 所要求的性質。⑤ $\mathfrak{G}^*$ 也可以很好地定出，於是場方程（7）的左邊也就清楚了。⑥

從相對論的一般假設可以導出函數 $\mathfrak{G}^*$ 的一些特性，我們現在就來推導。為此，我們對座標進行無窮小變換，設

$$(10) \qquad x'_\nu = x_\nu + \Delta x_\nu$$

其中 Δx_ν 是座標的任意無窮小函數，x'_ν 是世界點在新系統中的座標，x_ν 則是在原系統中的座標。對於座標和任何其他，

$$\psi' = \psi + \Delta \psi$$

形式的變換定律成立，其中 $\Delta \psi$ 必須總被 Δx_ν 表出。由 $g^{\mu\nu}$ 的協變性質，我們可以對於 $g^{\mu\nu}$ 和 $g^{\mu\nu}_\sigma$ 輕而易舉地導出變化定律

$$(11) \qquad \Delta g^{\mu\nu} = g^{\mu a}\frac{\partial(\Delta x_\nu)}{\partial x_a} + g^{\nu a}\frac{\partial(\Delta x_\mu)}{\partial x_a}$$

$$(12) \qquad \Delta g^{\mu\nu}_\sigma = \frac{\partial(\Delta g^{\mu\nu})}{\partial x_\sigma} + g^{\mu\nu}_a\frac{\partial(\Delta x_a)}{\partial x_\sigma}$$

由於 $\mathfrak{G}^*$ 僅與 $g^{\mu\nu}$ 和 $g^{\mu\nu}_\sigma$ 有關，所以借助於（11）和（12）就可以計算出 $\Delta \mathfrak{G}^*$。於是，我們得到方程

$$(13) \qquad \sqrt{-g}\,\Delta\left(\frac{\mathfrak{G}^*}{\sqrt{-g}}\right) = S^\nu_\sigma\frac{\partial(\Delta x_\sigma)}{\partial x_\nu} + 2\frac{\partial\mathfrak{G}^*}{\partial g^{\mu\nu}_a}g^{\mu\nu}\frac{\partial^2\Delta x_\sigma}{\partial x_\nu\partial x_a}$$

其中，我們為簡便起見，已經取

$$(14) \qquad S^\nu_\sigma = 2\frac{\partial\mathfrak{G}^*}{\partial g^{\mu\nu}}g^{\mu\nu} + 2\frac{\partial\mathfrak{G}^*}{\partial g^{\mu\sigma}_a}g^{\mu\nu}_a + \mathfrak{G}^*\partial^\nu_\sigma - \frac{\partial\mathfrak{G}^*}{\partial g^{\mu a}_\nu}g^{\mu a}_\sigma\,。$$

由這兩個方程，我們可以得出兩條對以後很重要的推論。我們知道，

---

⑤ 這裏可以發現，相對論的一般假設為什麼會導致一個非常確定的引力理論。——英譯者

⑥ 通過部分積分，我們可以得到 $\mathfrak{G}^* = \sqrt{-g}\,g^{\mu\nu}(\{u\alpha,\beta\}\{v\beta,\alpha\} - \{uv,\alpha\}\{\alpha\beta,\beta\})$。——英譯者

$\dfrac{\mathfrak{G}}{\sqrt{-g}}$ 是相對於任何代換的不變量，但 $\dfrac{\mathfrak{G}^*}{\sqrt{-g}}$ 卻不是。然而很容易證明，後者是相對於座標的任何線性代換的不變量。因此，如果所有的 $\dfrac{\partial^2 \Delta x_\sigma}{\partial x_\nu \partial x_\alpha}$ 都等於零，則（13）的右半部分也等於零。於是，$\mathfrak{G}^*$ 必定滿足等式

(15) $$S_\sigma^\nu \equiv 0$$

如果我們這樣取 Δx_ν，使得它們只在給定區域內部不為零，而在邊界附近趨於無窮小，則通過該變換，出現在方程(2)中的邊界積分的值不變。因此，$\Delta F = 0$，於是，[7]

$$\Delta \int \mathfrak{G} d\tau = \Delta \int \mathfrak{G}^* d\tau$$

但是方程的左邊也必定等於零，因為 $\dfrac{\mathfrak{G}}{\sqrt{-g}}$ 和 $\sqrt{-g}\, d\tau$ 都是不變量。因此右邊也等於零。考慮（14）、（15）和（16），[8] 我們首先得到了方程

(16) $$\int \frac{\partial \mathfrak{G}^*}{\partial g_\alpha^{\mu\sigma}} g^{\mu\nu} \frac{\partial (^2\Delta x_\sigma)}{\partial x_\nu \partial x_\alpha} d\tau = 0$$

把這個方程透過兩個部分積分轉化，由於選擇 Δx_σ 的任意性，我們得到了恆等式

(17) $$\frac{\partial^2}{\partial x_\nu \partial x_\alpha}\left(\frac{g^{\mu\nu} \partial \mathfrak{G}^*}{\partial g_\alpha^{\mu\sigma}} \right) \equiv 0$$

根據由不變量 $\dfrac{\mathfrak{G}}{\sqrt{-g}}$ 導出的（16）、（17）兩個恆等式，以及廣義相對論的假定，我們可以得出如下結論。

首先，我們通過乘以 $g^{\mu\sigma}$ 來對引力的場方程（7）進行變換。通過互換 σ 和 ν 的指標，我們就得到了與方程(7)等價的方程

(18) $$\frac{\partial}{\partial x_\alpha}\left(g^{\mu\nu} \frac{\partial \mathfrak{G}^*}{\partial g_\alpha^{\mu\sigma}} \right) = -(\mathfrak{T}_\sigma^\nu + t_\sigma^\nu)$$

---

[7] 通過引入 $\mathfrak{G}$ 和 $\mathfrak{G}^*$ 而不是 $\mathfrak{H}$ 和 $\mathfrak{H}^*$。——英譯者
[8] 英譯本原文如此，恐有誤。——中譯者

其中，我們已經假定

(19)
$$\mathfrak{T}_\sigma^\nu = -\frac{\partial \mathfrak{M}}{\partial g^{\mu\sigma}} g^{\mu\nu}$$

(20)
$$t_\sigma^\nu = -\left(\frac{\partial \mathfrak{G}^*}{\partial g_\alpha^{\mu\sigma}} g_\alpha^{\mu} + \frac{\partial \mathfrak{G}^*}{\partial g^{\mu\sigma}} g^{\mu\nu}\right) = \frac{1}{2}\left(\mathfrak{G}^* \delta_\sigma^\nu - \frac{\partial \mathfrak{G}^*}{\partial g_\nu^{\mu\alpha}} g_\sigma^{\mu\alpha}\right)$$

後一個 t_μ^ν 的運算式已經由 (14)、(15) 所證實。把 (18) 對 x_ν 求導數，對 ν 求和，則利用 (17) 可得，

(21)
$$\frac{\partial}{\partial x_\nu}(\mathfrak{T}_\sigma^\nu + t_\sigma^\nu) = 0$$

方程 (21) 表示動量與能量守恆。我們把 $\mathfrak{T}_\sigma^\nu$ 稱為物質能量的分量，把 t_σ^ν 稱為引力場能量的分量。

根據 (20)，把引力的場方程 (7) 乘以 $g_\sigma^{\mu\nu}$，再對 μ 和 ν 求和，就得到

$$\frac{\partial t_\sigma^\nu}{\partial x_\nu} + \frac{1}{2} g_\sigma^{\mu\nu} \frac{\partial \mathfrak{M}}{\partial g^{\mu\nu}} = 0 ，$$

或者利用 (19) 和 (21)，得到

(22)
$$\frac{\partial \mathfrak{T}_\sigma^\nu}{\partial x_\nu} + \frac{1}{2} g_\sigma^{\mu\nu} \mathfrak{T}_{\mu\nu} = 0$$

其中 $\mathfrak{T}_{\mu\nu}$ 表示 $g_{\nu\sigma}\mathfrak{T}_{\mu}^\nu$ 的量。這就是物質能量分量所滿足的四個方程。

需要強調的是，(廣義協變) 守恆定律 (21) 和 (22) 是由引力的場方程 (7) 僅僅結合廣義協變 (相對論) 假定導出的，其中沒有用到物質現象的場方程 (8)。

根據廣義相對論 對宇宙學所作的考查[①]

大家知道，泊松微分方程

(1)
$$\Delta\varphi = 4\pi\kappa\rho$$

與質點運動方程結合起來，並不能完全代替牛頓的超距作用理論。還必須加上這樣的條件，即在空間的無限遠處，位勢 φ 趨向一固定的極限值。在廣義相對論的引力論中，存在著類似的情況；在這裏，如果我們真的要認爲宇宙在空間上是無限擴延的，我們也就必須給微分方程在空間無限遠處加上邊界條件。

在處理行星問題時，對這些邊界條件，我選取了如下假定的形式：可能選取這樣一個參考座標系，使引力勢 $g_{\mu\nu}$ 在空間無限遠處全都變成常數。但是當我們要考查物理宇宙（Körperwelt）的更大部分時，我們是否可以規定這樣的邊界條件，這絕不是先驗地明白的。下面要講的是我到目前爲止對這個原則性的重要問題所作的考慮。

§1. 牛頓的理論

大家知道，牛頓的邊界條件，即 φ 在空間無限遠處有一恆定極

---

① 譯自 "*Kosmologische Betrachtungen zur allgemeinen Relativitätstheorie*"，《普魯士科學院會議報告》（*Sitzungsberichte der Preussischen Akad d. Wissenschaften*），1917 年，第 1 部，第 142-152 頁。——英譯者

限，導致了這樣的觀念：物質密度在無限遠處變爲零。我們設想，在宇宙空間裏可能有這樣一個地點（中心），在由四周物質生成的引力場在大範圍看來是球對稱的。於是由泊松方程得知，爲了使 φ 在無限處趨於一個極限，平均密度 ρ 當離中心的距離 r 增加時，必須比 $1/r^2$ 更快地趨近於零。[2] 因此，在這個意義上，依照牛頓的理論，宇宙是有限的，儘管它也可以有無限大的總質量。

由此首先得知，天體所發射的輻射，一部分將離開牛頓的宇宙體系向外面輻射出去，消失在無限遠處而不起作用。所有天體難道不會有這樣的遭遇嗎？對這問題很難有可能給予否定的回答。因爲，從 φ 在空間無限遠處有一有限的極限這一假定可知，一個具有有限動能的天體是能夠克服牛頓的引力而到達空間無限遠處的。根據統計力學，這情況必定隨時發生，只要星系的總能量足夠大，使它傳給某一星體的能量大到足以把這顆星送上向無限的旅程，而且從此它就一去不復返了。

我們不妨嘗試假定那個極限勢在無限遠處有一非常高的值，以免除這一特殊的困難。要是引力勢的變化過程不必由天體本身來決定，那或許是一條可行的途徑。實際上我們卻不得不承認，引力場的巨大勢差的出現是同事實相矛盾的。實際上這些勢差的數量級必須是如此之低，以至於它們所產生的星體速度不會超過實際觀察到的速度。

如果我們把玻耳茲曼的氣體分子分佈定律用到星體上去，以穩定的熱運動中的氣體來同星系相對照，我們就會發現牛頓的星系根本不能存在。因爲中心和空間無限遠處之間的有限勢差是同有限的密度比率相對應的。因此，從無限遠處密度等於零，就得出中心密度也等於零的結論。

這些困難，在牛頓理論的基礎上幾乎是無法克服的。我們可以提

---

[2] ρ 是物質的平均密度，其所計算的空間，比相鄰恆星間的距離要大，但比起整個星系的大小來則要小。——英譯者

出這樣的問題：是否可以把牛頓理論加以修改從而消除這些困難呢？為了回答這個問題，我們首先指出一個本身並不要求嚴格對待的方法；它只是為了使下面所講的內容更好地表達出來。我們把泊松方程改寫成

$$(2) \qquad \Delta\varphi - \lambda\varphi = 4\pi\kappa\rho,$$

此處 λ 表示一個普適常數。如果 ρ_0 是質量分佈的（均勻）密度，則

$$(3) \qquad \varphi = -\frac{4\pi\kappa}{\lambda}\rho_0$$

是方程（2）的一個解。如果這個密度 ρ_0 等於宇宙空間物質的實際平均密度，這個解就該相當於恆星的物質在空間均勻分佈的情況。這個解對應於一個平均地說是均勻地充滿物質的空間的無限廣延。如果對平均分佈密度不作任何改變，而我們設想物質的局部分佈是不均勻的，那麼在方程（3）的常數的 φ 值之外，還要加上一個附加的 φ，當 $\lambda\varphi$ 比起 $4\pi\kappa\rho$ 來愈小時，這個 φ 在較密集的質量鄰近就愈像一個牛頓場。

這樣構成的一個宇宙，就其引力場來說，該是沒有中心的。所以用不著假定在空間無限遠處密度應該減少，而只要假定平均勢和平均密度一直到無限遠處都是不變的就行了。在牛頓理論中所碰到的同統計力學的衝突在這裏也就不存在了。具有一個確定的（極小的）密度的物質是平衡的，用不著物質的內力（壓力）來維持這種平衡。

§2.符合廣義相對論的邊界條件

下面我要引導讀者走上我自己曾經走過的一條有點兒崎嶇和曲折的道路，因為只有這樣我才能希望他會對最後的結果感到興趣。我所得到的見解是，為了在廣義相對論基礎上避免在上節中對牛頓理論所闡述過的那些原則性困難，至今一直為我所維護的引力的場方程還要稍加修改。這個修改完全對應於前一節中從泊松方程(1)到方程(2)的過渡。於是最後得出，在空間無限遠處的邊界條件完全消失了，因為宇

宙連續區，就它的空間的廣延來說，可以理解為一個具有有限空間（三維的）體積的自身閉合的連續區。

關於在空間無限遠處設置邊界條件，我直到最近所持的意見是以下面的考慮為根據的。在一個邏輯自洽的相對論中，不可能有**相對於「空間」的慣性**，而只有物體**相互的慣性**。因此，如果我使一個物體距離宇宙中別的一切物體在空間上都足夠遠，那麼它的慣性必定減到零。我們試圖用數學來表示這個條件。

根據廣義相對論，（負）動量由乘以 $\sqrt{-g}$ 的協變張量的前三個分量來定出，能量則由乘以 $\sqrt{-g}$ 的協變張量的最後一個分量來定出

$$(4) \qquad m\sqrt{-g}\,g_{\mu a}\frac{dx_a}{ds},$$

像通常一樣，此處我們置

$$(5) \qquad ds^2 = g_{\mu\nu}dx_\mu dx_\nu。$$

如果能夠這樣來選擇座標系，使在每一點的引力場在空間上都是各向同性的，在這樣特別明顯的情況下，我們就比較簡單地得到

$$ds^2 = -A(dx_1^2 + dx_2^2 + dx_3^2) + Bdx_4^2。$$

如果同時又有

$$\sqrt{-g} = 1 = \sqrt{A^3 B},$$

就微小速度的第一級近似來說，我們由（4）就得到動量的分量：

$$m\frac{A}{\sqrt{B}}\,\frac{dx_1}{dx_4}、\ m\frac{A}{\sqrt{B}}\,\frac{dx_2}{dx_4}、\ m\frac{A}{\sqrt{B}}\,\frac{dx_3}{dx_4}$$

和能量（在靜止的情況下）

$$m\sqrt{B}。$$

從動量的表示式，得知 $m\dfrac{A}{\sqrt{B}}$ 起著慣性質量的作用。由於 m 是質點所特有的常數，同它的位置無關，那麼在空間無限遠處保持著行列式條件的情況下，只有當 A 減小到零，而 B 增到無限大時，這個表示式才能等於零。因此，係數 $g_{\mu\nu}$ 的這樣一種簡併，似乎是那個關於一切慣性的相對性公設所要求的。這個要求也意味著在無限遠處的各個點

的勢能 $m\sqrt{B}$ 變成無限大。這樣，質點永不能離開這個體系；而且比較深入的研究表明，這對於光線也應該同樣成立。一個宇宙體系，如果它的引力勢在無限遠處有這樣的性狀，那麼就不會像以前對牛頓理論所討論過的那樣，有瀕於消散的危險。

我要指出，關於引力勢的這個簡化了的假定（我們把它作為這個考慮的依據），只是為了使問題明朗起來而引進來的。我們能夠找出關於 $g_{\mu\nu}$ 在無限遠處性狀的一般公式，而且不需要對這些公式作進一步限制性假定，就能把事物的本質方面表達出來。

在數學家格羅梅樂（J. Grommer）誠摯的幫助下，我研究了球狀對稱的靜引力場，這種場以所述的方式在無限遠處簡併。引力勢 $g_{\mu\nu}$ 被定出來了，並且由此根據引力的場方程算出了物質的能量張量 $T_{\mu\nu}$。但同時也表明，對於恆星系，這種邊界條件是根本不能加以考慮的，正如不久前天文學家德·席特（de Sitter）也正確地指明的那樣。

有重量物質的抗變的能量張量 $T^{\mu\nu}$ 同樣是由

$$T^{\mu\nu} = \rho \frac{dx_\mu}{ds} \frac{dx_\nu}{ds}$$

給出的，此處 ρ 表示自然量度到的物質密度。通常座標系的適當選取，可使星的速度比起光速來是非常小的。因此我們可用 $\sqrt{g_{44}}dx_4$ 來代替 ds。由此可知，$T^{\mu\nu}$ 的一切分量比起最後一個分量 T^{44} 來，必定都是非常小的。但是，這個條件同所選的邊界條件無論如何不能結合在一起。後來看到，這個結果並沒有什麼可奇怪的。星的速度很小這件事，允許下這樣的結論：凡是有恆星的地方，沒有一處其引力勢（在我們的情況下是 $\sqrt{B}$）能比我們所在地方的大很多；這同牛頓理論的情況一樣，也是由統計的考慮得到的結果。無論如何，我們的計算已使我確信，對於空間無限遠處的 $g_{\mu\nu}$，不可作這樣簡併條件的假設。

在這個嘗試失敗以後，首先出現了兩種可能性。

(a)像在行星問題中那樣，我們要求，對於適當選取的參考座標系來說，$g_{\mu\nu}$ 在空間無限遠處接近如下的值：

$$
\begin{array}{cccc}
-1 & 0 & 0 & 0 \\
0 & -1 & 0 & 0 \\
0 & 0 & -1 & 0 \\
0 & 0 & 0 & 1
\end{array}
$$

(b)對於空間無限處所需要的邊界條件，我們根本不去建立普遍的有效性；但在所考查區域的空間邊界，對於每一個別情況，我們都必須分別定出 $g_{\mu\nu}$，正像我們一向所習慣的要分別給出時間的初始條件一樣。

可能性(b)不是相當於問題的解決，而是放棄了問題的解決。這是目前德·席特③所提出的一個無可爭辯的觀點。但是我必須承認，要我在這個原則性任務上放棄那麼多，我是感到沉重的。除非一切為求滿意的理解所作的努力都被證明是徒勞無益時，我才會下那種決心。

可能性(a)在許多方面是不能令人滿意的。首先，這些邊界條件要以參考座標系的一種確定的選取為先決條件，那是違背相對性原理的精神的。其次，如果我們採用了這種觀點，我們就放棄了慣性的相對性是正確的這個要求。因為一個具有自然量度的質量 m 的質點的慣性是取決於 $g_{\mu\nu}$ 的；但這些 $g_{\mu\nu}$ 同上面所假定的在空間無限遠處的值相差很小。所以慣性固然會受（在有限空間裏存在的）物質的**影響**，但不會由它來**決定**。如果只存在一個唯一的質點，那麼從這種理解方式來看，它就該具有慣性，這慣性甚至同這個質點受我們實際宇宙的其他物體所包圍時的慣性差不多一樣大小。最後，前面對牛頓理論所講的那些統計學上的考慮，就會有效地反對這種觀點。

從迄今所說的可看出，對空間無限遠處建立邊界條件這件事並沒有成功。雖然如此，要不作(b)情況下所說的那種放棄，還是存在著一

③ de Sitter，《阿姆斯特丹科學院報告》（*Akad. van Wetensch. te Amsterdam*），1916年11月8日。──英譯者

種可能性。因為如果有可能把宇宙看作是一個**就其空間廣延來說是閉合的**連續區，那麼我們就根本不需要任何這樣的邊界條件。下面將表明，不僅廣義相對性要求，而且很小的星速度這一事實，都是同整個宇宙空間的閉合性這一假說相容的；當然，為了貫徹這個思想，需要把引力的場方程加以修改，使之變得更有普遍性。

§3. 空間上閉合並有均勻分佈的物質的宇宙

根據廣義相對論，在每一點上，四維空間—時間連續區的度規特徵（曲率），都是由在那個點上的物質及其狀態來決定的。因此，由於物質分佈的不均勻性，這個連續區的度規結構必然極為複雜。但如果我們只從大範圍來研究它的結構，我們可以把物質看作是均勻地散佈在龐大的空間裏的，由此，它的分佈密度是一個變化極慢的函數。這樣，我們的作法很有點兒像大地測量學者那樣，他們拿橢球面來當作在小範圍內具有極其複雜形狀的地球表面的近似。

我們從經驗中知道的關於物質分佈的最重要事實是，星的相對速度比起光的速度來是非常小的。因此我相信我們可以暫時把我們的考慮建築在如下的近似假定上：存在這樣一個座標系，相對於它，物質可以看作是保持靜止的。於是，對於這個參考座標系來說，物質的抗變能量張量 $T^{\mu\nu}$ 按照(5)具有下面的簡單形式：

$$(6) \quad \begin{cases} 0 & 0 & 0 & 0 \\ 0 & 0 & 0 & 0 \\ 0 & 0 & 0 & 0 \\ 0 & 0 & 0 & \rho \end{cases}$$

（平均的）分佈密度標量 ρ 可以先驗地是空間座標的函數。但是如果我們假定宇宙是空間上閉合的，那就很容易作出這樣的假說：ρ 是同位置無關的。下面的討論就是以這一假說為根據的。

就引力場來說，由質點的運動方程

$$\frac{d^2 x_\nu}{ds^2} + \begin{Bmatrix} \alpha\beta \\ \nu \end{Bmatrix} \frac{dx_\alpha}{ds}\frac{dx_\beta}{ds} = 0$$

得知：只有在 g_{44} 是同位置無關時，靜態引力場中的質點才能保持靜止。既然我們又預先假定一切的量都同時間座標 x_4 無關，那麼關於所求的解，我們能夠要求：對於一切 x_ν，

(7) $g_{44} = 1$。

再者，像通常處理靜態問題那樣，我們應當再置

(8) $g_{14} = g_{24} = g_{34} = 0$。

現在剩下來的是要確定那些規定我們的連續區的純粹空間幾何性狀的引力勢的分量（g_{11}，g_{12}，…，g_{33}）。由於我們假定產生場的物質是均勻分佈的，所以所探求的量度空間的曲率就必定是個常數。因此，對於這樣的物質分佈，所求的 x_1、x_2、x_3 的閉合連續區，當 x_4 是常數時，將是一個球面空間。

比如說，用下面的方法，我們可得到這樣的一種空間。我們從 ξ_1、ξ_2、ξ_3、ξ_4 的四維歐幾里得空間以及線元 $d\sigma$ 入手；也就是

(9) $d\sigma^2 = d\xi_1^2 + d\xi_2^2 + d\xi_3^2 + d\xi_4^2$。

在這空間裏，我們來研究超曲面

(10) $R^2 = \xi_1^2 + \xi_2^2 + \xi_3^2 + \xi_4^2$，

此處 R 表示一個常數。這個超曲面上的點形成一個三維連續區，即一個曲率半徑為 R 的球面空間。

我們所以要從四維歐幾里得空間出發，僅僅是為便於定義我們的超曲面。我們所關心的只是超曲面上的那些點，它們的度規性質應該是同物質均勻分佈的物理空間的度規性質相一致的。為了描繪這種三維連續區，我們可以使用座標 ξ_1、ξ_2、ξ_3（在超平面 $\xi_4 = 0$ 上的投影），因為根據(10)，ξ_4 可由 ξ_1、ξ_2、ξ_3 來表示。從(9)中消去 ξ_4，我們就得到球面空間的線元的表示式

(11) $\begin{cases} d\sigma^2 = \gamma_{\mu\nu} d\xi_\mu d\xi_\nu, \\ \gamma_{\mu\nu} = \delta_{\mu\nu} + \dfrac{\xi_\mu \xi_\nu}{R^2 - \rho^2}, \end{cases}$

此處 $\delta_{\mu\nu}=1$，倘若 $\mu=\nu$；$\delta_{\mu\nu}=0$，倘若 $\mu\neq\nu$；並且 $\rho^2=\xi_1^2+\xi_2^2+\xi_3^2$。如果考查 $\xi_1=\xi_2=\xi_3=0$ 這樣兩個點中的一個點的周圍，所選取的這種座標是方便的。

現在我們也得到了所探求的空間—時間四維宇宙的線元。顯然，對於勢 $g_{\mu\nu}$（它的兩個指標都不同於 4），我們必須置

$$(12) \qquad g_{\mu\nu}=-\left(\delta_{\mu\nu}+\frac{x_\mu x_\nu}{R^2-(x_1^2+x_2^2+x_3^2)}\right)。$$

這個方程同（7）和（8）聯合在一起，就完全規定了所考查的四維宇宙中量桿、時鐘和光線的性狀。

§4. 關於引力場方程的附加項

對於一個任意選取的座標系，我所提出的引力場方程表述如下：

(13)

$$\begin{cases} G_{\mu\nu}=-\kappa\left(T_{\mu\nu}-\dfrac{1}{2}g_{\mu\nu}T\right), \\[2mm] G_{\mu\nu}=-\dfrac{\partial}{\partial x_\alpha}\begin{Bmatrix}\mu\nu\\\alpha\end{Bmatrix}+\begin{Bmatrix}\mu\nu\\\beta\end{Bmatrix}\begin{Bmatrix}\nu\beta\\\alpha\end{Bmatrix}+\dfrac{\partial^2\log\sqrt{-g}}{\partial x_\mu\partial x_\nu}-\begin{Bmatrix}\mu\nu\\\alpha\end{Bmatrix}\dfrac{\partial\log\sqrt{-g}}{\partial x_\alpha}。\end{cases}$$

當我們把（7）、（8）和（12）所給出的值代入 $g_{\mu\nu}$，並且把（6）所示的值代入物質的（抗變）能量張量，方程組（13）就不可能滿足。在下一節裏將表明，這種計算可以怎樣方便地進行。如果我至今一直在使用的場方程（13）確實是相容於廣義相對性公設的唯一方程，那麼我們也許必須下結論說，相對論不允許作宇宙在空間上是閉合的這一假說。

可是方程組（14）允許作一個輕而易舉並且同相對性公設相容的擴充，它完全類似於由方程（2）所給的泊松方程的擴充。因為在場方程（13）的左邊，我們可以加上一個乘以暫時還是未知的普適常數 $-\lambda$

的基本張量 $g_{\mu\nu}$，而不破壞廣義協變性；代替場方程 (13)，我們置

(13a)
$$G_{\mu\nu} - \lambda g_{\mu\nu} = -\kappa\left(T_{\mu\nu} - \frac{1}{2}g_{\mu\nu}T\right)。$$

當 λ 足夠小時，這個場方程無論如何也是相容於由太陽系中所得到的經驗事實的。它也滿足動量和能量守恆定律，因為，只要我們在哈密頓原理中引進這個增加了一個普適常數的標量，以代替黎曼張量的標量，我們就得到了代替 (13) 的 (13a)；而哈密頓原理當然保證了守恆定律的有效性。下一節裏會表明，場方程 (13a) 是與我們對場和物質所作的設想相容的。

§5.計算的完成和結果

既然我們的連續區中的一切點都是等價的，那麼只要對於一個點進行計算，比如，只要對具有座標 $x_1 = x_2 = x_3 = x_4 = 0$ 的一個點進行計算就足夠了。於是，對於 (13a) 中的 $g_{\mu\nu}$，只要它們出現一次微分，或者根本不出現微分，都得以如下的值代入：

$$\begin{matrix} -1 & 0 & 0 & 0 \\ 0 & -1 & 0 & 0 \\ 0 & 0 & -1 & 0 \\ 0 & 0 & 0 & 1 \end{matrix}$$

因此，我們首先得到

$$G_{\mu\nu} = -\frac{\partial}{\partial x_1}\begin{bmatrix}\mu\nu\\1\end{bmatrix} + \frac{\partial}{\partial x_2}\begin{bmatrix}\mu\nu\\2\end{bmatrix} + \frac{\partial}{\partial x_3}\begin{bmatrix}\mu\nu\\3\end{bmatrix} + \frac{\partial^2\log\sqrt{-g}}{\partial x_\mu\partial x_\nu}$$

考慮到 (7)、(8) 和 (13)，如果下面兩個關係

$$-\frac{2}{R^2} + \lambda = -\frac{\kappa\rho}{2}, \quad -\lambda = -\frac{\kappa\rho}{2},$$

或者

(14)
$$\lambda = \frac{\kappa\rho}{2} = \frac{1}{R^2}$$

得到滿足，那麼我們就不難發現所有的方程（13a）保證都能滿足。

由此，這個新引進來的普適常數 λ，既確定了那個在平衡中能夠保存的平均分布密度 ρ，也確定了球面空間的半徑 R 和體積 $2\pi^2 R^3$。根據我們的觀點，宇宙的總質量 M 是有限的，而且等於

(15)
$$M = \rho \cdot 2\pi^2 R^3 = 4\pi^2 \frac{R}{\kappa} = \pi^2 \sqrt{\frac{32}{\kappa^3 \rho}} \ 。$$

因此，如果對實際宇宙的理論上的理解符合我們的考慮，那麼它該是下面這樣的。空間的曲率特徵是按照物質的分佈情況，在時間上和位置上可變的，但是，在大範圍來看，還是可以近似於球面空間。無論如何，這種理解在邏輯上是沒有矛盾的，而且從廣義相對論的立場看來也是最方便的；從目前天文知識的立場看來，它是否能站得住腳，這裏不去討論這個問題。爲要得到這個不自相矛盾的理解，我們的確必須引進引力的場方程的一個新的擴充，這種擴充並沒有爲我們關於引力的實際知識所證明。但應當特別指出，即使不引進那個補充項，由於空間有物質存在也就得出一個正的空間曲率；我們所以需要這個補充項，只是爲了使物質的準靜態分佈成爲可能，而這種物質分佈是與星球的速度很小這一事實相符合的。

引力場在物質的基本粒子結構中擔負主要作用嗎[①]

到目前爲止，無論是牛頓的引力論還是相對論性的引力論，對物質組成的理論都未能有所助益。鑒於這一事實，下面要說明，已經有線索可以設想，那些構成原子的基本組成物是由引力結合起來的。

§1. 現存理論觀點的缺點

爲了推敲出一個可以說明那種組成電子的電平衡的理論，理論家們已經煞費苦心了。尤其是 G・米（Mie）專心致志地深入研究了這個問題。他的理論在理論物理學家中間已經得到了相當的支持，這一理論主要根據的是，在能量張量中，除了馬克士威—洛倫茲電磁場理論的能量項，還引進了那些依存於電動勢分量的補充項，這些項在眞空裏並不顯得重要，可是在電子內部反抗電斥力維持平衡時卻是起作用的。儘管由 G・米、希爾伯特（Hilbert）和魏耳（Weyl）所建立起來的這個理論在形式結構上很美，可是它的物理結果至今仍很不能令人滿意。一方面，它的各種可能性多得令人沮喪；另一方面，那些附加項還未能以這樣一種簡單的形式建立起來，使它的解可以令人滿意。

[①] 譯自 "*Spielen Gravitationsfelder im Aufber der materiellen Elementarteilchen eine wesentliche Rolle?*" 《普魯士科學院會議報告》（*Sitzungsberichte der Preussischen Akad. d. Wissenschaften*），1919 年。——英譯者

到目前爲止，廣義相對論對問題的進展未能有所改變。如果我們暫且不管宇宙學的附加項，那麼場方程就取形式

(1) $$R_{ik} - \frac{1}{2}g_{ik}R = -\kappa T_{ik} ,$$

此處 R_{ik} 表示降階的黎曼曲率張量，R 表示由重複降階而形成的曲率標量，T_{ik} 表示「物質」的能量張量。這裏假定 T_{ik} 並**不依賴**於 $g_{\mu\nu}$ 的導數，是與歷史發展一致的。因爲這些量在狹義相對論的意義上當然就是能量分量，在那裏可變的 $g_{\mu\nu}$ 是不出現的。這個方程式的左邊第二項是這樣選取的，使(1)的左邊的散度恆等於零；於是通過取 (1) 的散度，我們就得到方程

(2) $$\frac{\partial \mathfrak{T}_i^\sigma}{\partial x_\sigma} + \frac{1}{2}g_i^{\sigma\tau}\mathfrak{T}_{\sigma\tau} = 0 ,$$

在狹義相對論的極限情況下，它就轉化成完備的守恆方程

$$\frac{\partial T_{ik}}{\partial x_k} = 0 。$$

這裏存在著 (1) 的左邊第二項的物理基礎。絕不是先驗地規定了這種向不變的 $g_{\mu\nu}$ 過渡的極限情況都具有任何可能的意義。因爲，如果引力場在物質粒子的構造中起著主要作用，那麼過渡到不變的 $g_{\mu\nu}$ 的極限情況對於它們就會失去根據；因爲當 $g_{\mu\nu}$ 不變的情況下，實在不可能有任何物質粒子。因此，如果我們要設想引力在那些組成微粒子的場的結構中起作用的這種可能性，我們就不能認爲方程(1)是得到保證了的。

我們在 (1) 中安排進馬克士威—洛倫茲電磁場能量分量 φ_{uv}，

(3) $$T_{ik} = \frac{1}{4}g_{ik}\varphi_{\alpha\beta}\varphi^{\alpha\beta} - \varphi_{ia}\varphi_{k\beta}g^{\alpha\beta} ,$$

那麼，取 (2) 的散度，並經過運算② 以後，我們就得到

(4) $$\varphi_{ia}\mathfrak{J}^\alpha = 0 ,$$

---

② 參見 A. Einstein，《普魯士科學院會議報告》（*Sitzung sberichte der Preussischen Akad. d. Wissenschaften*），1916 年，第 187 頁，第 188 頁。——英譯者

此處為了簡潔起見，我們令

(5)
$$\frac{\partial \sqrt{-g}\,\varphi_{\sigma\tau}g^{\sigma\alpha}g^{\tau\beta}}{\partial x_\beta} = \frac{\partial \xi^{\alpha\beta}}{\partial x_\beta} = \mathfrak{J}^\alpha \circ$$

在計算中，我們使用了馬克士威方程組的第二個方程

(6)
$$\frac{\partial \varphi_{\mu\nu}}{\partial x_\rho} + \frac{\partial \varphi_{\nu\rho}}{\partial x_\mu} + \frac{\partial \varphi_{\rho\mu}}{\partial x_\nu} = 0$$

我們從 (4) 可看出電流密度 ($\mathfrak{J}^\alpha$) 必定到處等於零。因此，由方程 (1)，我們就得不到長期以來所熟知的那樣一個局限於馬克士威—洛倫茲理論的電磁分量的電子理論。於是，如果我們堅持(1)，我們就要被迫走上米理論的道路。[3]

但不僅是物質問題，而且宇宙學問題也導致了對方程(1)的懷疑。正如我在前一篇論文中已經指出過，廣義相對論要求宇宙在空間上是封閉的。但是這種觀點使得方程(1)有必要加以擴充，在其中必須引進一個新的宇宙常數 λ，它同宇宙總質量（或者同物質的平衡密度）維持固定關係。這個常數的引入對理論形式之美產生了致命的打擊。

§2. 無標量的場方程

我們用下列方程來代替場方程 (1)：

(1a)
$$R_{ik} - \frac{1}{4}g_{ik}R = -\kappa T_{ik} \,,$$

上述困難就可以除去，此處 T_{ik} 表示由 (3) 所給的電磁場的能量張量。

這個方程的第二項中的因子 $(-\frac{1}{4})$ 的形式根據，在於它使左邊的標量

$$g^{ik}\left(R_{ik} - \frac{1}{4}g_{ik}R\right)$$

恆等於零，就像右邊的標量

---

[3] 參見 D. Hilbert，《哥丁根通報》(*Göttinger Nachr*)，1915 年 11 月 20 日。——英譯者

$$g^{ik}T_{ik}$$

由於（3）而恆等於零一樣。要是我們根據方程（1）而不是根據（1a）來推論，那麼相反的，我們該得到條件 $R=0$，這個條件無論在哪裏對於 $g_{\mu\nu}$ 都必定成立，而同電場無關。顯然，方程組〔(1a)、(3)〕是方程組〔(1)、(3)〕的推論，而不是反過來。

初看一下我們會懷疑，（1a）連同（6）一起究竟是不是足以確定整個場。在廣義相對論的理論中，要確定 n 個相依變數，需要有 $n-4$ 個彼此獨立的微分方程，正因為在這解中，由於座標選擇的自由，四個關於所有座標的完全任意的函數必定會出現。因此，要確定 16 個相依變數 $g_{\mu\nu}$ 和 $\varphi_{\mu\nu}$，我們需要 12 個彼此獨立的方程。但是恰好方程組（1a）中的 9 個方程和方程組（6）中的 3 個方程是彼此獨立的。

如果我們構成（1a）的散度，考慮到 $R_{ik}-\dfrac{1}{2}g_{ik}R$ 的散度等於零，那麼我們就得到

(4a) $$\varphi_{\sigma\alpha}J^{\alpha}+\frac{1}{4\kappa}\frac{\partial R}{\partial x_{\sigma}}=0 。$$

從這裏，我們首先認出，在電密度等於零的四維區域裏，曲率標量 R 是常數。如果我們假定空間的所有這些部分都是相連的，從而電密度只有在分隔開的世界線束（weltfäden）中才不等於零，那麼曲率標量在這些世界線束外面的任何地方都具有一個常數值 R_0。但是，關於 R 在電密度不等於零的區域裏的性狀，方程（4a）也允許作出一個重要的結論。如果我們像通常那樣把電看作是運動著的電荷密度，當我們置

(7) $$J^{\sigma}=\frac{\mathfrak{J}^{\alpha}}{\sqrt{-g}}=\rho\frac{dx_{\sigma}}{ds} ，$$

從（4a）通過用 J^{σ} 內積，並考慮到 $\varphi_{\mu\nu}$ 的反對稱性，我們就得到關係

(8) $$\frac{\partial R}{\partial x_{\sigma}}\frac{dx_{\sigma}}{ds}=0 。$$

因此，曲率標量在每一條電運動的世界線（weltlinie）上都是常數。方程（4a）可以直觀地以下列陳述來解釋：曲率標量 R 起一種負壓力

的作用，在電粒子的外面它具有常數值 R_0。在每一個粒子裏面都存在著一個負壓力（正的 $R-R_0$），這個壓力的下降就實現了電動力的平衡。這個壓力的極小值，或者曲率標量的極大值，在粒子裏面並不隨時間而改變。

我們現在把場方程（1a）寫成形式

$$(9) \qquad \left(R_{ik}-\frac{1}{2}g_{ik}R\right)+\frac{1}{4}g_{ik}R_0=-\kappa\left(T_{ik}+\frac{1}{4\kappa}g_{ik}[R-R_0]\right)。$$

另一方面，我們變換先前的場方程，補充以宇宙學項，

$$R_{ik}-\lambda g_{ik}=-\kappa\left(T_{ik}-\frac{1}{2}g_{ik}T\right)。$$

減去乘以 $\frac{1}{2}$ 的標量方程，我們立即得到

$$\left(R_{ik}-\frac{1}{2}g_{ik}R\right)+g_{ik}\lambda=-\kappa T_{ik}。$$

現在，在只有電場和引力場存在的區域內，這個方程的右邊等於零。對於這樣的區域，通過標量構成，我們得到 $-R+4\lambda=0$。於是在這樣的區域內，曲率標量是常數。因而可以用 $\frac{R_0}{4}$ 來代替 λ。因此我們可以把先前的場方程（1）寫成形式

$$(10) \qquad \left(R_{ik}-\frac{1}{2}g_{ik}R\right)+\frac{1}{4}g_{ik}R_0=-\kappa T_{ik}。$$

比較（9）和（10），我們看得出，新的場方程同先前的場方程之間的區別，只在於現在出現了同曲率標量無關的 $T_{ik}-\frac{1}{4\kappa}g_{ik}(R-R_0)$ 以代替作為「引力質量」的張量 T_{ik}。但是這個表述形式比先前的（表述形式）有這樣一大優點：量 λ 作為一個積分常數出現在理論的基本方程中，而不再作為基本定律所特有的普適常數了。

§3. 關於宇宙學問題

最後這個結果已經允許作這樣的揣測：根據我們新的表述法，宇

宙可以被看作是空間上封閉的，而完全用不著附加的假說。像以前那篇論文那樣，我們再一次指明，在均勻的物質分佈條件下，球面的宇宙是同這些方程相容的。

首先我們置

(11) $$ds^2 = -\sum \gamma_{ik}dx_i dx_k + dx_4^2 \ (i, \ k=1, \ 2, \ 3)。$$

於是，如果 P_{ik} 和 P 分別是三維空間中的二秩曲率張量和曲率標量，那麼就得到

$$R_{ik} = P_{ik}(i, \ k=1, \ 2, \ 3)，$$
$$R_{i4} = R_{4i} = R_{44} = 0，$$
$$R = -P，$$
$$-g = \gamma。$$

因此，對於我們的情況，得到：

$$R_{ik} - \frac{1}{2}g_{ik}R = P_{ik} - \frac{1}{2}\gamma_{ik}P(i, \ k=1, \ 2, \ 3)，$$
$$R_{44} - \frac{1}{2}g_{44}R = \frac{1}{2}P。$$

對於進一步的思考，我們以兩種方式來進行。首先，我們憑藉於方程 (1a)。在這個方程組中，T_{ik} 表示由組成特質的電粒子所產生的電磁場的能量張量。對於這種場，

$$\mathfrak{T}_1^1 + \mathfrak{T}_2^2 + \mathfrak{T}_3^3 + \mathfrak{T}_4^4 = 0$$

在到處都成立。各個 $\mathfrak{T}_i^k$ 都是隨著位置迅速變化的量；但是對於我們的任務來說，我們無疑可以用它們的平均值來代替它們。因而我們必須選取

(12) $$\begin{cases} \mathfrak{T}_1^1 = \mathfrak{T}_2^2 = \mathfrak{T}_3^3 = -\frac{1}{3}\mathfrak{T}_4^4 = 常數 \\ \mathfrak{T}_i^k = 0 \ (對於 \ i \neq k)， \end{cases}$$

因此 $$T_{ik} = +\frac{1}{3}\frac{\mathfrak{T}_4^4}{\sqrt{\gamma}}\gamma_{ik} \ ; \ T_{44} = \frac{\mathfrak{T}_4^4}{\sqrt{\gamma}}。$$

考慮到迄今已經表明的，我們得到下列方程以代替 (1a)：

(13) $$P_{ik}-\frac{1}{4}\gamma_{ik}P=-\frac{1}{3}\gamma_{ik}\frac{\kappa\mathfrak{T}_4^4}{\sqrt{\gamma}},$$

(14) $$\frac{1}{4}P=-\frac{\kappa\mathfrak{T}_4^4}{\sqrt{\gamma}}。$$

(13) 的標量方程同 (14) 相符。正因爲如此，我們的基本方程容許一種球面的宇宙。因爲從 (13) 和 (14)，得知

(15) $$P_{ik}+\frac{4}{3}\frac{\kappa\mathfrak{T}_4^4}{\sqrt{\gamma}}\gamma_{ik}=0，$$

並且已經知道，④ 一個（三維）球面宇宙是滿足這個方程組的。

但是我們也可以根據方程(9)來思考。在 (9) 的右邊是那樣一些項，從現象學的觀點看來，它們應該代之以物質的能量張量；因此，它們應該代之以

$$\begin{matrix} 0 & 0 & 0 & 0 \\ 0 & 0 & 0 & 0 \\ 0 & 0 & 0 & 0 \\ 0 & 0 & 0 & \rho \end{matrix}$$

此處 ρ 表示被假定是靜止的物質的平均密度。我們於是得到方程

(16) $$p_{ik}-\frac{1}{2}\gamma_{ik}P-\frac{1}{4}\gamma_{ik}R_0=0，$$

(17) $$\frac{1}{2}P+\frac{1}{4}R_0=-\kappa\rho。$$

由 (16) 的標量方程，並且由 (17)，我們得到

(18) $$R_0=-\frac{2}{3}P=2\kappa\rho，$$

從而由 (16)，得到：

(19) $$P_{ik}-\kappa\rho\gamma_{ik}=0，$$

④ 參見 H. Weyl，《空間，時間，物質》（*Raum. Zeit. Materie*），§ 33。——英譯者

這個方程，直到關於係數的表示式，是同（15）相符的。通過比較，我們得到

$$(20) \qquad \mathfrak{T}_4^4 = \frac{3}{4} \rho \sqrt{\gamma} \text{。}$$

這個方程意味著，構成物質能量的四分之三歸屬於電磁場，四分之一歸屬於引力場。

§4. 結論

上述思考顯示了僅僅由引力場和電磁場作用物質的理論構成的可能性，而用不著按照米的理論思路去引進一些假設的附加項。由於在解決宇宙學問題時，它使我們免除了引進一個特殊常數 λ 的必要性，所看到的這種可能性就顯得特別可取。但是另一方面，也有一種特殊的困難。因為，如果我們把（1）限定為球對稱靜止的情況，那麼我們就只得到一個方程，這對於確定 $g_{\mu\nu}$ 和 $\varphi_{\mu\nu}$ 來說是太少了，其結果是，電的**任何球對稱分佈**看來似乎都能夠維持平衡。因此，根據已有的場方程，還是遠遠不能解決基本量子的構成問題。